**Bogdan Petrescu**

**Système électroanalytique flexible controlé par ordinateur**

Bogdan Petrescu

# Système électroanalytique flexible controlé par ordinateur

## Potentiostat avec détermination et correction de chute ohmique par la méthode d'impédance

Presses Académiques Francophones

**Impressum / Mentions légales**

Bibliografische Information der Deutschen Nationalbibliothek: Die Deutsche Nationalbibliothek verzeichnet diese Publikation in der Deutschen Nationalbibliografie; detaillierte bibliografische Daten sind im Internet über http://dnb.d-nb.de abrufbar.

Information bibliographique publiée par la Deutsche Nationalbibliothek: La Deutsche Nationalbibliothek inscrit cette publication à la Deutsche Nationalbibliografie; des données bibliographiques détaillées sont disponibles sur internet à l'adresse http://dnb.d-nb.de.

Coverbild / Photo de couverture: www.ingimage.com

Verlag / Editeur:
Presses Académiques Francophones
ist ein Imprint der / est une marque déposée de
AV Akademikerverlag GmbH & Co. KG
Heinrich-Böcking-Str. 6-8, 66121 Saarbrücken, Deutschland / Allemagne
Email: info@presses-academiques.com

Herstellung: siehe letzte Seite /
Impression: voir la dernière page
**ISBN: 978-3-8381-7284-2**

*INSTITUT NATIONAL POLYTECHNIQUE DE GRENOBLE*

### *THESE EN COTUTELLE*

*pour obtenir le grade de* **DOCTEUR**

**DE L'INSTITUT NATIONAL POLYTECHNIQUE DE GRENOBLE**
*Spécialité* : Electrochimie
préparée au Laboratoire d'Electrochimie et de Physico-chimie des Matériaux et des Interfaces
dans le cadre de l'Ecole Doctorale « Matériaux et Génie des Procèdes »

**ET DE L'UNIVERSITE « POLITEHNICA » DE BUCAREST**
*Spécialité* : Electronique
préparée à la Faculté d'Electronique et au Laboratoire d'Electrochimie Assistée par Ordinateur

présentée et soutenue publiquement le 15/07/2002 par

**Bogdan PETRESCU**

# SYSTEME ELECTROANALYTIQUE FLEXIBLE
# CONTROLE PAR ORDINATEUR

*Codirecteurs de thèse :*

**Jean-Claude POIGNET**
Vasile CATUNEANU
**Ovidiu IANCU**

**JURY**

| | |
|---|---|
| M. Marin DRAGULINESCU | Président |
| M. Emil CEANGA | Rapporteur |
| M. Jean-François KOENIG | Rapporteur |
| M. Jean-Claude POIGNET | Codirecteur de thèse |
| M. Ovidiu IANCU | Codirecteur de thèse |
| M. Jean-Pierre PETIT | Examinateur |

# Remerciements

Ce travail a été réalisé dans le cadre d'une coopération établie entre l'Université « Politehnica » de Bucarest (UPB) et l'Institut National Polytechnique de Grenoble (INPG), plus precisement au Laboratoire d'Electrochimie et de Physico-Chimie des Matériaux et Interfaces (LEPMI-INPG), au Laboratoire d'Electrochimie Assisté par Ordinateur (LEAO-UPB) et au departement de Technologie Electronique et Fiabilité (TEF-UPB).

Je tiens tout d'abord à remercier, M. Prof. Jean-Claude POIGNET, mon directeur de thèse à l'INPG, pour son constant support scientifique et humain tout au long de ce travail et M. Prof. Vasile CATUNEANU, mon directeur de thèse à l'UPB, pour me faire partie de ses réflexions scientifiques et pour la confiance qu'il m'a accordée depuis le début.

Je remercie également, M. Prof. Jacques BOUTEILLON de m'avoir accueilli pour la première fois dans son équipe, pour son soutien généreux et pour la qualité de ses conseils, et par ce qu'il a toujours été près de moi pendant les moments difficiles.

J'exprime ma reconnaissance à M. Conf. Valentin COTARTA, responsable du LEAO, pour son courage et sa volonté de changement sans lesquels ce travail n'aurait jamais pu être réalisé.

J'adresse mes remerciements à Mme Conf. Adina COTARTA pour son effort scientifique et humain qui à permis l'ouverture d'une voie durable de coopération franco – roumaine dans laquelle j'ai pu m'inscrire.

Je remercie M. Prof. Orest OLTU qui a su me transmettre sa passion pour la recherche et pour l'aide qu'il m'a accordée, ainsi qu'à Mme Anicuta GUZUN qui m'a procuré les premiers articles sur l'instrumentation en électrochimie et grâce à qui j'ai pu rencontrer des gens remarquables.

Je ne pourrais pas oublier ma grande famille qui a supporté mes éloignements et qui m'a permis, parfois avec des sacrifices, de continuer en toute sérénité ma profession, et à qui je dédie mon modeste travail.

# 1 INTRODUCTION

Cette thèse résume un travail qui a été mené dans un domaine de recherche interdisciplinaire à la fois d'électronique et d'électrochimie et a eu comme objectif principal le développement d'un nouvel instrument versatile et miniaturisé pour l'analyse des phénomènes électrochimiques.

Comme domaine, l'électrochimie s'intéresse aux réactions chimiques produites par le passage du courant électrique et, inversement, à la production du courant électrique par des transformations chimiques. Le plus souvent en électrochimie on analyse le comportement physico-chimique des interfaces métal-solution lors du passage du courant électrique à travers ces interfaces. Les signaux électriques aux bornes d'une cellule électrochimique[1] sont directement liés aux processus de transport de matière dans la solution, d'adsorption sur la surface des électrodes ou de transfert de charge aux interfaces électrodes-solution. Ces signaux sont mesurés et contrôlés par des instruments en utilisant diverses techniques. Comme applicabilité, les études électrochimiques donnent des réponses aux questions liées à la corrosion, la conversion d'énergie, le traitement des surfaces, les dépôts, la synthèse des molécules etc. La protection anticorrosive des carrosseries des automobiles, l'amélioration de la composition des alliages dentaires ou les piles électriques sont quelques exemples.

Généralement les instruments électroniques destinés à l'analyse et au contrôle des processus électrochimiques ont un noyau analogique qui régule soit le potentiel soit le courant de la cellule selon un signal d'excitation reçu de l'extérieur dont la forme dépend de la technique électrochimique choisie. Quant la régulation se fait en potentiel le courant est considéré comme réponse et inversement. L'analyse de la réponse de la cellule par rapport à l'excitation conduit à la caractérisation du processus électrochimique.

---

[1] L'expression cellule électrochimique désigne habituellement un récipient en verre qui contient une solution ionique dans laquelle sont introduites deux ou plusieurs électrodes métalliques ou d'autre nature.

La particularité de notre travail réside dans le fait que nous nous proposons de doubler la régulation analogique par une régulation numérique en employant un circuit DSP (Digital Signal Processor) adapté aux calculs mathématiques rapides. Ceci nous donnera la possibilité d'implémenter en software des algorithmes qui font réagir l'instrument en temps réel en fonction du comportement de la cellule. Ceci peut être par exemple une décision d'arrêt ou de changement des paramètres à l'issue d'une condition satisfaite ou une correction de l'excitation en fonction de la réponse mesurée aux moments précédents. Notre idée de base a été de créer un système de mesure et de contrôle et non pas seulement de mesure.

Par rapport aux méthodes de correction trouvées dans la littérature nous développerons une technique électrochimique originale pour la correction de la chute ohmique par un algorithme qui tient compte de la réponse de la cellule à une excitation sinusoïdale de petite amplitude et haute fréquence.

Dans le domaine de l'instrumentation électrochimique l'aire scientifique se trouve moins vaste. Nous essayons de répondre en partie à un besoin cognitif roumain dans ce domaine relativement peu exploré. Nous proposons en même temps une nouvelle architecture d'instrument qui reste ouverte aux développements futurs, très flexible dans la spécification d'un protocole électrochimique, avec des performances techniques comme la vitesse, la précision et la puissance de calcul.

# 2 ANALYSE BIBLIOGRAPHIQUE

## 2.1 Un peu d'histoire

L'étude des processus électrochimiques nécessite un appareillage capable de contrôler et mesurer les tensions et/ou les courants électriques sur une interface électrochimique. La première méthode potentiostatique a été utilisée par Cottrel en 1903 pour la vérification des équations de transfert de masse par diffusion contrôlée. Il a utilisé une cellule électrochimique avec 2 électrodes auxquelles il a connecté une batterie en série avec un galvanomètre pour la mesure du courant (Figure 1).

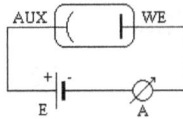

*Figure 1 Le potentiostat de Cottrel*

Avec de tels instruments on peut mesurer seulement les processus extrêmement lents. Parmi les deux électrodes, on distingue l'électrode de travail (WE), où se produit le processus électrochimique étudié, et l'électrode auxiliaire (AUX) qui sert à fermer la boucle de courant.

Le montage présente plusieurs inconvénients en ce qui concerne le contrôle de la cellule électrochimique. La tension de la batterie est répartie sur la cellule principalement en trois parties: sur les deux interfaces électrode-solution et sur la résistance de la solution. L'électrode auxiliaire est supposée non-polarisable, c'est à dire que son potentiel n'est pas modifié par le passage du courant. En réalité un tel type d'électrode n'existe pas, mais dans certains cas on peut considérer une électrode comme étant non-polarisable quand la densité de courant reste très faible.

Ceci-dit, le montage de Cotrell ne permet pas la connaissance exacte de la différence de potentiel sur l'interface de l'électrode de travail. Pour réduire l'influence des chutes de potentiel sur l'électrode auxiliaire et sur la résistance de la solution on doit limiter l'étude aux petits courants et utiliser une solution de conductivité élevée.

En 1942 Hickling a eu l'idée d'ajouter une troisième électrode et d'utiliser un contrôle automatique du potentiel. Son appareil mesurait la tension entre l'électrode de référence et celle de travail et appliquait le courant par l'intermédiaire de l'électrode auxiliaire. Le temps de réponse était de l'ordre des quelques secondes. Son appareil était le premier qui utilisait la réaction négative dans la mesure et le contrôle des tensions sur les électrodes et ce principe est resté le même jusqu'aujourd'hui.

Le mot potentiostat a été inventé par Prazak [60] en 1956 pour décrire l'instrument introduit par Hickling.

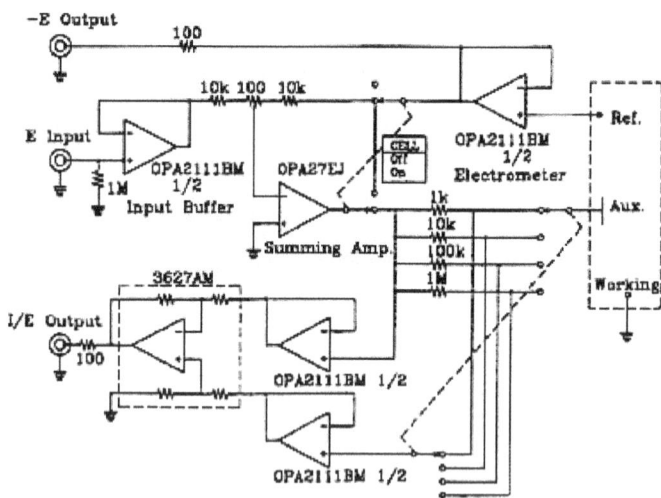

*Figure 2 Le potentiostat avancé de Wenking (reproduction tirée de [11])*

Mais celui qui a posé les bases des potentiostats modernes est Hans Wenking, ingénieur Allemand en physique. Dans les années 50, faisant partie d'un groupe de recherche de l'institut Max Planck à Göttingen, il développe un potentiostat à tubes électroniques pour des études d'électrochimie, notamment de corrosion. Il résout avec son premier potentiostat les problèmes d'instabilité manifestés par les instruments antérieurs où le temps de réaction était trop long. Le phénomène de passivation des métaux est des lors mieux compris et expliqué.

En 1961 il construit une nouvelle génération d'instruments à l'aide des transistors FET qui étaient révolutionnaires pour l'époque. A la fin des années 70 il introduit les amplificateurs opérationnels.

## 2.2 Les articles

Lors de la recherche bibliographique sur la base de données *Chemical Abstracts* pour la période 1960 – 1998 nous avons trouvé 45 articles dans des revues comme *Electrochimica Acta*, *Electroanalytical Chemistry*, *Journal of Electroanalytical Chemistry*, *Journal of the Electrochemical Society*, *Chemical Instrumentation* et *Revue of Scientific Instruments*, sur des sujets d'intérêt tels que : l'instrumentation électrochimique, la mesure et la correction de la chute ohmique et de la capacité de la double couche, les sources d'erreurs et les méthodes de correction des résultats lors de mesures d'impédance. Les thèmes abordés récemment dans les productions scientifiques sont liés aux méthodes de corrections analytiques, numériques et de nature instrumentale des résultats expérimentaux.

Depuis les années 60 un travail considérable a été consacré à l'optimisation de l'ensemble instrument-cellule pour l'étude des divers systèmes électrochimiques.

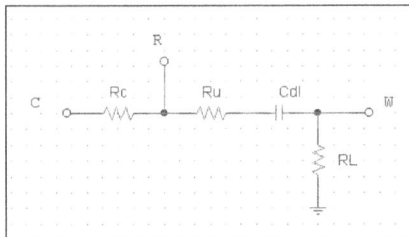

*Figure 3 Représentation du Booman et Holbrook de la cellule. Rc et Ru sont respectivement les résistances de la solution entre la contre-électrode C et la référence R, et entre la référence et l'électrode de travail W. Cdl est la capacité de la double couche et RL la résistance de mesure du courant.*

Booman et Holbrook [6] traitent de la position de l'électrode de référence dans la cellule et la sélection de l'impédance optimale dans la mesure du courant en fonction des caractéristiques des amplificateurs opérationnels et de la résistance de la cellule pour obtenir la meilleure réponse transitoire en termes de vitesse et de stabilité, avec application dans les études de polarographie. Ils expliquent comment la géométrie de la cellule et les paramètres électriques affectent la précision des mesures.

Leur analyse est limitée au cas où le courant faradique serait négligeable. L'interface électrochimique est ainsi réduite à la capacité de la double couche (Figure 3). La résistance $R_u$ de la solution qui se trouve entre l'électrode de référence et la surface de l'électrode de travail, introduit, aux courants différents de zéro, un décalage (appelé aussi chute ohmique) entre la tension mesurée $E_R$ et la tension vraie sur l'interface de l'électrode de travail $E_W$.

$$E_R = E_W + iR_u \qquad\qquad (1)$$

Lauer et Osteryoung [22] modifient un potentiostat Wenking pour compenser cette chute ohmique par une contre-réaction positive.

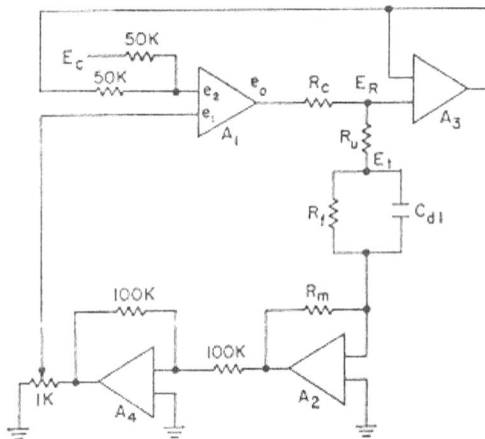

*Figure 4 Le potentiostat de Lauer et Osteryoung avec une compensation de la chute ohmique par contre réaction positive (reproduction tirée de [22])*

Le principe de leur correction est de réinjecter à l'entrée de l'amplificateur de contrôle A1 une fraction $\beta$ de la tension de sortie de l'amplificateur A4 proportionnelle au courant i qui traverse la cellule. La tension sur l'interface électrochimique $E_T$ est :

$$E_T = -E_C - i(R_u - 2\beta R_m)$$  ( 2 )

La compensation complète se réalise quand $\beta = R_u/2R_m$. Les tests effectués sur des cellules composées de résistances et condensateurs, montrent que le système devient instable à compensation complète.

Brown et Smith [7] identifient les sources majeures d'instabilité dans les montages de compensation de la chute ohmique par contre-réaction positive : la cellule et la fonction de transfert des amplificateurs opérationnels. Ils analysent la stabilité et les caractéristiques de la bande passante et proposent une procédure de stabilisation en introduisant un condensateur entre la contre-électrode et l'électrode de référence.

La difficulté avec la méthode de compensation de la chute ohmique par contre réaction positive est de trouver le poids de la compensation quand on ne connaît pas la valeur de la résistance non-compensée $R_u$. Une technique utilisée est d'augmenter graduellement $\beta$ (souvent par le réglage d'un potentiomètre) jusqu'à l'apparition des oscillations et ensuite de réduire légèrement cette fraction juste pour regagner la stabilité. Une autre technique est proposée par Wells [47] qui trouve l'optimum de la compensation de $R_u$ avec une technique de voltammétrie linéaire. Il réduit l'analyse à un modèle de cellule RC sans réaction faradique. Dans ces hypothèses, la pente des courbes du logarithme du courant en fonction du temps est égale à $-1/R_u C_{dl}$. L'optimum de compensation est trouvé quand la pente est la plus élevée tout en restant linéaire. Cette méthode est valable seulement quand il n'y a pas de variation de la résistance de la solution dans le temps, ni de variation de la capacité de la double couche avec le potentiel, ni de processus faradique.

Des critiques de cette méthode se font vite entendre. Bewick [3] montre que l'utilisation de la compensation de la chute ohmique par contre-réaction positive peut facilement conduire à une surcompensation et que le « remède pourrait ainsi être pire que le mal ». L'apparition des oscillations n'est pas forcement liée à une compensation parfaite. Pilla et al. [30] traitent aussi le problème de la compensation de la chute ohmique par contre-réaction positive. Dans leur étude de stabilité ils développent un modèle théorique de l'instrument et de la cellule. Ils montrent que la compensation totale est pratiquement impossible à atteindre dans les systèmes réels.

Des améliorations sont apportées sur le fonctionnement des instruments avec ou sans compensation de la chute ohmique principalement par une augmentation de la puissance ou de la versatilité. Muller et Jones décrivent [28] un instrument analogique qui fonctionne à la fois comme potentiostat ou galvanostat à trois électrodes et qui inclut un générateur d'impulsion et de signal triangulaire. Herman et al. [21] construisent un instrument adapté à la méthode chronopotentiométrique qui pour la première fois démarre au potentiel d'abandon de l'électrode de travail. Mumby et Perone [29] font la même démarche que Booman et Holbrook d'étudier l'ensemble cellule-potentiostat. Ils donnent la description d'un ensemble potentiostat-cellule pour l'étude des phénomènes électrochimiques rapides. La position des électrodes est précise et reproductible. Pour réduire la chute ohmique, l'électrode de référence est placée près de l'électrode de travail sans perturber le gradient de potentiel. Les erreurs causées par le temps de monté sont minimisées par une augmentation de la puissance de l'amplificateur de contrôle en mettant plusieurs amplificateurs en parallèle. Sarma et al. [42] proposent aussi un circuit qui compense la chute ohmique par contre-réaction positive. La particularité de leur montage est que la compensation peut se faire même à des forts courants et des tensions élevées. Un potentiostat qui inclut la même technique de compensation de la chute ohmique est développé par Amatore et al. [2] pour des études de cinétique très rapide (vitesses de balayage jusqu'à 100kV/s) sur des micro-électrodes.

Une nouvelle technique de mesure de la résistance non-compensée $R_u$ par interruption de courant est présentée par McIntyre et Peck [24] (Figure 5). Un pulse de quelques microsecondes, appliqué à l'entrée du potentiostat met la diode qui se trouve en série avec la contre-électrode en conduction inverse, ce qui bloque le passage du courant. La mesure instantanée du potentiel de l'électrode de référence détecte un saut de potentiel qui correspond à la chute ohmique. Ce saut est suivi par une relaxation par décharge de la capacité de la double couche à travers l'impédance faradique. En connaissant le courant et le saut du potentiel on peut déduire la résistance $R_u$. Le désavantage de cette technique est qu'on peut travailler avec un seul type de polarisation de la cellule, soit anodique, soit cathodique. Cet inconvénient est résolu par Bezman [4] qui introduit un commutateur à la place de la diode. En plus, il fait une correction automatique de la chute ohmique par la mesure périodique de la chute du potentiel produite par interruption du courant. Son instrument enregistre le résultat de la mesure dans une mémoire analogique, calcule la correction et retourne à l'entrée du potentiostat le signal de correction ainsi obtenu. En raison du fait que le courant ne peut pas être interrompu ni trop fréquemment et ni trop longtemps sans affecter la qualité de l'analyse du processus électrochimique, la gamme de fréquences est inférieure à celle de la technique de correction par contre réaction positive. Par contre, la méthode de correction par interruption de courant ne demande pas une connaissance préalable de la résistance $R_u$ et la correction se fait d'une manière dynamique, ce qui convient aux systèmes électrochimiques non-stationnaires.

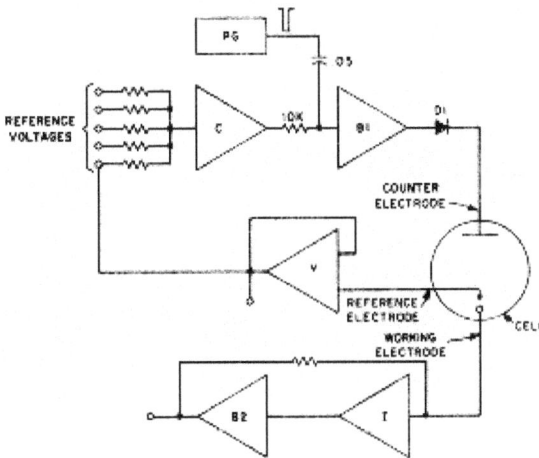

*Figure 5 Le potentiostat de McIntyre et Peck avec interruption*
*du courant (reproduction tirée de [24])*

Gabrielli et al. [16] proposent aussi une méthode de compensation analogique de la chute ohmique. La méthode consiste à enregistrer la différence entre la tension de polarisation de l'électrode de travail et une tension proportionnelle au courant d'électrolyse. Seulement, cette méthode est plutôt une méthode de correction post mesure et non de compensation en temps réel qui suppose une connaissance préalable de la valeur de la résistance de la solution.

La technique de spectroscopie d'impédance est introduite au cours des années 70 pour la caractérisation des systèmes électrochimiques. Cette technique, déjà bien connue par les électriciens, consiste à imposer une régulation sinusoïdale de la cellule électrochimique avec un signal de petite amplitude et d'enregistrer la réponse de la cellule. L'analyse excitation – réponse permet de trouver la fonction de transfert du système électrochimique exprimée usuellement comme une impédance. Les fréquences utilisées sont de quelques dizaines de kHz jusqu'au domaine sub-acoustique. Des conditions de linéarité, stationnarité et invariabilité sont imposés au système électrochimique pour pouvoir définir correctement l'impédance.

Gabrielli et Keddam [15] étudient les problèmes posés par la mesure d'impédance en termes de précision et trouvent que la technique de corrélation est mieux adaptée en basses fréquences.

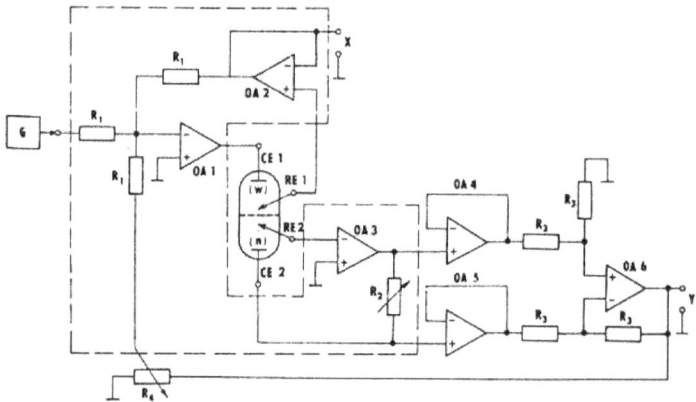

*Figure 6 Le potentiostat à quatre électrodes de Samec et al. [41]*

Un travail de synthèse sur l'état de l'art des techniques instrumentales électrochimiques à la fin des années 70 est fait par Digby D. Macdonald [60]. Dans son article on trouve des références bibliographiques sur les premiers designs des potentiostats et des explications concernant le fonctionnement des potentiostats à trois électrodes construits avec des amplificateurs opérationnels. Des valeurs de tension maximale entre l'électrode auxiliaire et celle de travail de ±50V et de courant maximum de ±100mA, sont considérées comme acceptables pour la plupart des applications. Il explique la nature de la chute ohmique et donne des références concernant les techniques de compensation : interruption du courant, réaction positive, mesure directe. Il indique un schéma de principe d'un potentiostat avec compensation de la chute ohmique par une contre-réaction positive qui ressemble à celui de Lauer et Osteryoung. Le problème du réglage de la compensation est évoqué. Il explique le principe de fonctionnement du galvanostat dans quelques schémas simplifiés à trois électrodes. Il évoque la nécessité de faire des mesures rapides dans les études de cinétique rapide pour éviter les artefacts de la diffusion, mais en même temps il exprime les limitations entraînées par l'électronique et par la cellule sur le temps de monté des sauts de potentiel ou de courant.

Si le modèle classique d'instrument pour l'étude des interfaces électrochimiques métal-solution comporte trois électrodes, pour l'étude des interfaces liquide-liquide ou des membranes, une électrode de référence supplémentaire est nécessaire. Samec et al. [40, 41] étudient le transfert de charge entre deux liquides non-miscibles avec un potentiostat à quatre électrodes basé sur le modèle du potentiostat Wenking (Figure 6). Ils introduisent la contre-réaction positive pour compenser la chute ohmique. La résistance de la solution entre les électrodes de référence est évaluée de trois façons : par calcul à partir de la conductivité de la solution et la géométrie de la cellule, par détection des oscillations à compensation totale et par mesure d'impédance à hautes fréquences. Ils règlent la compensation en tenant compte de la résistance estimée avec la méthode d'impédance qu'ils considèrent la plus fiable. Sur le même principe de fonctionnement que le potentiostat de Samec, Figaszewski et al. [52] décrivent plusieurs schémas d'instruments à quatre électrodes utilisant des amplificateurs opérationnels, pour l'étude des interfaces entre deux liquides. La compensation de la chute ohmique par contre réaction positive est toujours présente. La compensation est détectée par l'apparition des oscillations. Dans un travail ultérieur, Figaszewski [51] décrit un système de mesure de l'impédance électrochimique avec un potentiostat à trois ou quatre électrodes. Le principe de l'opération est de compenser à zéro la mesure du courant par un set de résistances et de capacités. En suite, Wilke [48] développe un jeu potentiostat / galvanostat à quatre électrodes qui utilise toujours la contre-réaction positive pour la compensation de la chute ohmique mais la fraction de la compensation qui correspond à la résistance de la solution est évaluée différemment. Un pulse de courant génère un saut de tension sur l'interface qui a une amplitude proportionnelle à la résistance. Si la compensation est correcte on n'observe pas de sauts à l'application d'un train des pulses de courant. Encore une fois il faut s'assurer qu'il n'y a pas de processus faradique pendant l'évaluation.

Peixin et Faulkner [20] trouvent une nouvelle méthode d'évaluation de la résistance non-compensée $R_u$. Le courant est mesuré à 54µs et 72µs après un saut de potentiel de 50mV. L'amplitude du saut divisée par la valeur du courant extrapolé au moment du saut équivaut à la résistance $R_u$ dans l'hypothèse où aucun processus faradique n'a lieu. La fraction de la contre-réaction positive est après programmée à l'aide d'un convertisseur numérique-analogique multiplieur utilisé comme potentiomètre programmable.

Garreau et al. [18] décrivent un circuit de mesure du courant et de correction de la chute ohmique à l'aide d'un amplificateur avec contre réaction en courant. Avec ce type d'amplificateur les distorsions de phase provoquées par l'instrument sont réduites. Le principe de la correction par contre réaction positive est le même. Ils utilisent l'instrument dans des études voltammétriques rapides sur des micro-électrodes.

Des mesures sur les fluctuations de la résistance de la solution entre l'électrode de référence et l'électrode de travail sont effectuées par Gabrielli et al. [14] dans l'étude des variations de potentiel des électrodes qui développent des bulles de gaz. Ils utilisent une excitation sinusoïdale de 100KHz superposée à un courant d'électrolyse. L'impédance obtenue à cette fréquence est supposée par les auteurs comme étant la résistance de la solution. L'idée de superposer une excitation sinusoïdale à une autre excitation est adoptée aussi par Popkirov [32] pour la détermination et la correction de la résistance non-compensée de la solution. L'instrument mesure l'amplitude du courant obtenu comme réponse à une excitation sinusoïdale en potentiel superposée au potentiel de balayage dans les techniques voltammétriques. La fréquence du sinus est élevée (75kHz) ce qui permet de considérer que le processus faradique n'intervient pas dans l'impédance comprise entre l'électrode de travail et l'électrode de référence. En s'appuyant sur des études précédentes, Popkirov considère qu'aux fréquences supérieures à 50kHz la partie imaginaire de l'impédance de l'interface est négligeable et la partie réelle correspond à la résistance de la solution. Les fréquences élevées du spectre du potentiel et du courant sont séparées du reste de la réponse par des filtres passe-haut et les amplitudes sont ensuite mesurées après rectification. La mesure, le calcul et la correction sont faites en 2ms environ, et la vitesse de balayage maximale avec correction est de 400mV/s. Les variations rapides du courant peuvent affecter les mesures en introduisant une composante spectrale supplémentaire à la fréquence du sinus.

Une autre méthode de compensation de la chute ohmique basée sur la contre-réaction positive est proposée par Yamagishi [50] qui remplace le potentiomètre de réglage manuel par un circuit multiplieur. Une unité électronique détecte les débuts des oscillations et réduit automatiquement la fraction du potentiel réinjecté. La résistance $R_u$ est automatiquement compensée pour maintenir l'ensemble cellule – potentiostat à la limite d'oscillation.

Aberg [1] décrit une méthode de mesure de la résistance non-compensée et de la capacité de la double couche à chaque saut de potentiel d'une technique voltammétrique, sans interruption du processus faradique. En général, la capacité de la double couche Cdl est mesurée sans processus faradique. Cdl est aussi mesurable par spectroscopie d'impédance en présence d'un transfert de charge mais cette technique est relativement longue et la surface peut subir des modifications dues aux phénomènes d'adsorption. Aberg propose un modèle de la cellule où le processus faradique est remplacé par une résistance de transfert de charge mais il ne tient pas compte de sa présence dans l'équation de relaxation du courant qui suit un saut de potentiel :

$$\Delta I_C(t) = \frac{\Delta E}{R_u} \exp\left(\frac{-t}{R_u C_{dl}}\right) \qquad (3)$$

Il considère qu'au moment du saut et immédiatement après, il n'y a pas de changement dans le courant faradique et que l'équation ( 3) reste valable pour un temps $t < 0.05 R_p C_{dl}$ où $R_p$ est la résistance de la solution $R_u$ en parallèle avec la résistance de transfert de charge. La résistance $R_u$ est calculée comme le rapport du saut de tension connu d'avance et le saut de courant mesuré au moment du saut. Ensuite la capacité $C_{dl}$ reste la seule inconnue dans l'expression de la pente à t = 0 :

$$\Delta s = \frac{\Delta E}{R_u^2 C_{dl}} \qquad (4)$$

Popkirov et Schindler [34] proposent un nouvel instrument pour la mesure de l'impédance électrochimique basé sur la transformation de Fourier rapide (FFT). Le signal d'excitation est une somme de plusieurs sinus de fréquences convenablement choisies. Cette technique réduit le temps total de la mesure limité seulement par la plus basse fréquence du spectre et par le transfert des données vers l'ordinateur. L'application aux systèmes non-stationnaires est proposée. Dans une publication qui suit [35] les mêmes auteurs proposent une optimisation du signal de perturbation dans l'étude d'impédance dans le domaine des temps, le choix des phases des sinus dans la construction du multisinus pour réduire l'amplitude totale du signal et respecter la condition de linéarité. L'avantage de cette méthode est l'augmentation du rapport signal sur bruit en augmentant les amplitudes individuelles des sinus et en gardant en même temps une amplitude totale pic à pic réduite. La capacité de mémoire EPROM utilisée pour stocker l'image du signal est de 256 k x 16bits pour couvrire 5 décades de fréquences.

Wojcik et al. [49] décrivent un algorithme de régulation d'amplitude du courant dans la mesure d'impédance en régulation galvanostatique pour obtenir une amplitude voulue de potentiel. Une estimation est faite à partir des mesures aux fréquences précédentes. La régulation galvanostatique est intéressante dans l'étude des systèmes qui nécessitent un courant moyen constant. Par exemple dans les mesures de corrosion où le courant moyen doit rester nul, une régulation potentiostatique peut conduire à l'application d'un potentiel cathodique ou anodique si le potentiel de corrosion change. La difficulté dans la mesure d'impédance en régulation galvanostatique est qu'elle peut conduire à des variations importantes du potentiel qui risquent de dépasser les limites de linéarité.

Popkirov [33] décrit une technique expérimentale de mesure d'impédance pour les systèmes électrochimiques non-stationnaires basée sur la soustraction du signal réponse de la composante de relaxation en utilisant deux systèmes identiques.

## 2.3 Conclusions

Plusieurs conclusions sont à tirer de la bibliographie en ce qui concerne l'architecture et les performances de notre instrument. Pour pouvoir faire des mesures d'impédance et des mesures en régime potentiostatique ou galvanostatique, il faut avoir un instrument très flexible, à configuration programmable. En vue de diminuer les erreurs dues à l'électronique il faut prévoir une bonne précision et une grande vitesse sur la partie de mesure ainsi que sur la partie de contrôle.

Les techniques de mesure et surtout les corrections demandent un important appareil mathématique qui justifie l'introduction d'un circuit DSP (Digital Signal Processing) dans l'architecture numérique.

Par rapport aux méthodes de correction trouvées dans la littérature nous allons développer une méthode pour la correction de la chute ohmique par la modification du signal imposé en temps réel en utilisant la technique d'impédance.

# 3 LE FONCTIONEMENT DE L'INSTRUMENT

## 3.1 Le contrôle analogique

### 3.1.1 Description

Le schéma simplifié du circuit de contrôle analogique d'une cellule électrochimique à quatre électrodes est présenté dans la Figure 7. En mode potentiostatique (commutateur SW1 fermé et SW2 ouvert), l'amplificateur de contrôle CA1 maintient sur l'électrode de référence REF1 une tension, par rapport à la masse, égale à la tension présente sur son entrée non inverseuse, qui, à son tour, est la somme des trois tensions : $E_A$, $E_B$ et $E_{SIN}$. De même, l'amplificateur de contrôle CA2 garde sur l'entrée de l'électrode REF2 une tension égale à zéro (masse virtuelle), ce qui fait que la différence de potentiel entre les électrodes de référence s'exprime comme :

$$E_{REF1} - E_{REF2} = E_A + E_B + E_{SIN} \qquad (5)$$

Les tensions $E_A$ et $E_B$ qui arrivent du convertisseur numérique - analogique de 18bits, sont sommées à l'entrée du circuit A3 avec $E_{SIN}$ qui est la tension de sortie du générateur de signal sinusoïdal. Le signal « somme », atténué par le réseau des résistances R1, R2 et R3, est reconstitué à la sortie du circuit A3. Le potentiomètre P1 permet la correction des éventuelles erreurs sur le facteur de gain. L'amplificateur A4 sépare le générateur de sinus du reste du circuit et rajoute en même temps une tension réglable par le potentiomètre P2 qui sert à annuler les offsets sur la consigne.

Ce schéma de contrôle à quatre électrodes se rapproche de celui proposé par Sameck et al. [41] avec la différence que la résistance pour la mesure du courant est placée ici dans la boucle de l'amplificateur CA1, ce qui confère au système une meilleure réponse transitoire, comme le montre la Figure 8. Par rapport aux schémas proposés par Wilke [48] ou Figaszewski [51, 52] et al., le circuit de contrôle de la Figure 7 comporte un minimum d'amplificateurs opérationnels reliés dans les boucle de contre réaction des amplificateurs de contrôle CA1 et CA2, ce qui donne une meilleure réponse en fréquence, un gain de stabilité et de précision.

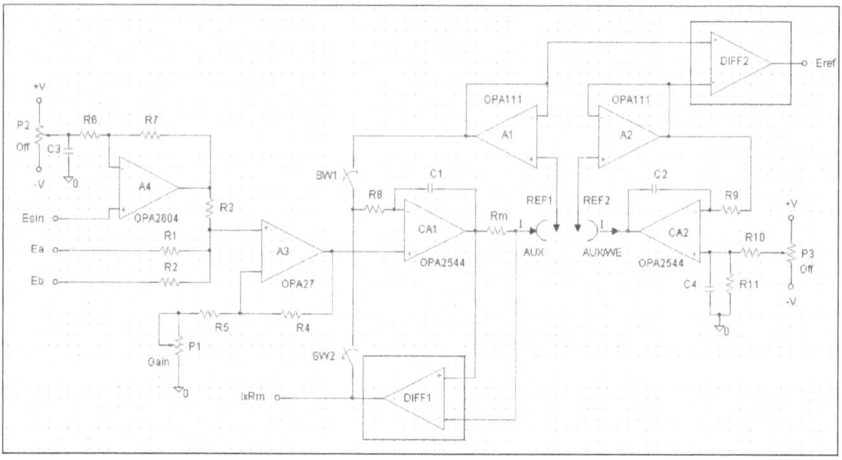

*Figure 7 Schéma du montage potentiostatique à 4 électrodes*

Le courant qui traverse la cellule entre les électrodes AUX et AUX/WE est mesuré à la sortie de l'amplificateur différentiel DIFF1 par la différence de potentiel qui se développe au passage du courant sur la résistance de mesure $R_M$.

En mode galvanostatique (commutateur SW1 ouvert et SW2 fermé) la boucle de régulation change seulement pour l'amplificateur de contrôle CA1. La mise en équation du courant est très simple :

$$I = \frac{E_A + E_B + E_{SIN}}{R_M} \qquad (6)$$

## 3.1.2 Les entrées pour les électrodes de référence

La mesure de la différence de potentiel métal-solution sur l'interface électrochimique d'une électrode se fait toujours par rapport à une autre électrode appelé de référence. L'électrode de référence est généralement immergée dans la même solution que l'électrode de travail et développe naturellement une deuxième interface électrochimique métal-solution. Du point de vue mesure, les deux interfaces sont en série ce qui rend impossible la connaissance en valeur absolue de la différence de potentiel sur une seule interface. Par convention, la chute de potentiel sur une interface électrochimique est mesurée et exprimée relativement à la tension d'une électrode de référence. Plusieurs sortes d'électrodes de référence sont décrites dans la littérature [53, 63], parmi les plus connues sont l'électrode standard d'hydrogène (SHE) et l'électrode à calomel saturé (SCE).

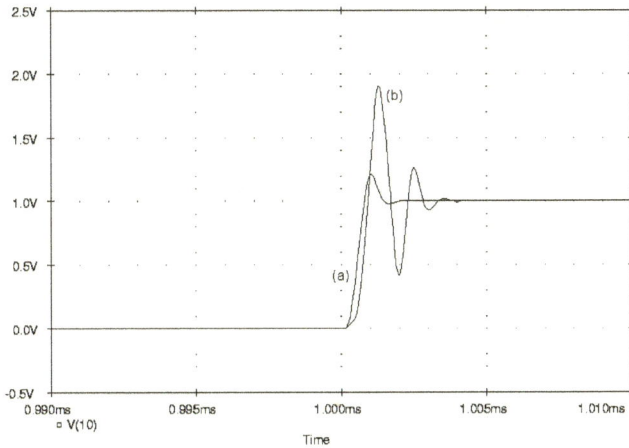

*Figure 8 Simulation de la réponse transitoire pour une cellule passive à 2 électrodes, avec $R_M = R_{CELL}$ inclus (a) dans la boucle du CA1, (b) dans la boucle du CA2*

Une électrode de référence est caractérisée par une tension constante avec le temps et la température. Elle est réversible du point de vue électrochimique, doit avoir une très bonne stabilité chimique et être facile à fabriquer.

La tension sur une interface électrochimique est directement liée au courant qui la traverse, comme l'exprime, dans le cas d'un seul couple redox, la relation de Buttler-Volmer [54]. Une des conditions essentielles pour préserver la stabilité d'une électrode de référence est, d'une manière idéale, de mesurer son potentiel sans faire passer de courant à travers son interface électrochimique. Cela revient à dire, dans la pratique, qu'il faut absolument employer à l'entrée de l'électrode de référence un circuit de très haute impédance, avec un très faible courant de fuite. Ces conditions sont généralement satisfaites par les amplificateurs opérationnels FET auxquels on demande en plus un bon comportement en fréquence, nécessaire pour les techniques transitoires [43] et d'impédance.

Le courant de polarisation très faible convient aussi pour des mesures avec des électrodes de référence de haute impédance, comme les électrodes de verre. La chute de potentiel développé par le courant de polarisation sur la résistance interne de l'électrode introduit une erreur d'offset qui doit rester généralement inférieure à 1mV, qui est la reproductibilité typique des électrodes de référence [64].

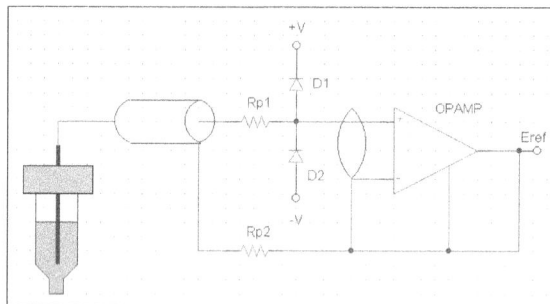

*Figure 9 Circuit d'entrée pour une électrode de référence*

Tenant compte de ces contraintes et des circuits disponibles sur le marché, on a choisi l'amplificateur Burr-Brown OPA111, caractérisé par un courant de polarisation de 1pA, une impédance d'entrée de $10^{13}$ $\Omega\|2pF$ et une bande passante unitaire de 2MHz. La Figure 9 présente le circuit d'entrée prévu pour une électrode de référence avec l'amplificateur en montage suiveur.

La résistance Rp2 protège la sortie de l'amplificateur opérationnel en cas de court circuit et réduit également la charge capacitive introduite par le câble qui pourrait autrement transformer l'amplificateur en un bon oscillateur [44]. Les diodes D1 et D2 protègent l'entrée contre les surtensions au-delà des tensions d'alimentation. Les diodes usuelles ayant un courant de fuite de l'ordre d'une dizaine de nanoampères (donc de quelques décades plus élevé que le courant de polarisation de l'amplificateur) nous avons utilisé des transistors JFET du type 2N4117A avec un courant de fuite de 1pA, en montage de diode [55]. La résistance de protection Rp1 limite à environ 16mA le courant par les diodes de protection pour des surtensions d'entrée de ±50V. Une valeur plus élevée de Rp1 pourrait agrandir la plage des surtensions admises mais conduirait en même temps à l'augmentation du bruit d'entrée au-delà du bruit de l'amplificateur. Par exemple, dans la bande de fréquences 10Hz - 10KHz, l'OPA111 est spécifié avec une tension de bruit de 1μVrms. Dans la même bande, le bruit thermique d'une résistance de 2.2KΩ calculé à 25°C est de 0.6μVrms contre 1.9μVrms pour une résistance de 22KΩ.

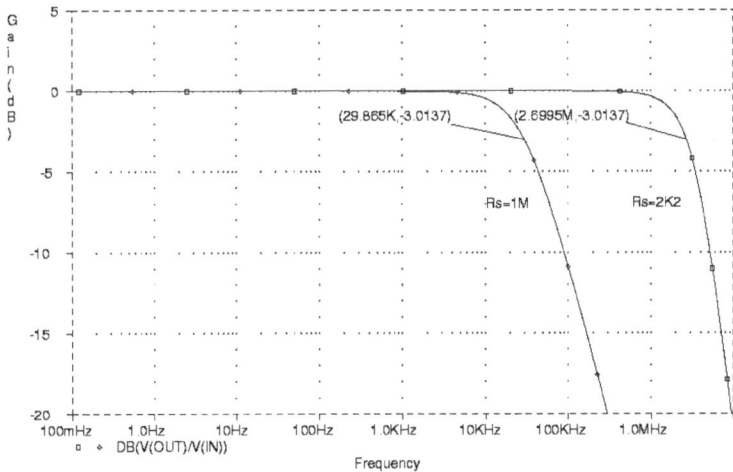

*Figure 10 Analyse en fréquence du circuit d'entrée pour les électrodes de référence avec une résistance équivalente de l'électrode Rs = 2.2KΩ et 1MΩ*

La résistance interne de l'électrode de référence forme avec la capacité équivalente à l'entrée de l'amplificateur (sans compter la capacité parasite du câble qu'on suppose compensée) un filtre passe-bas qui conduit à la réduction de la bande passante. L'analyse effectuée en PSPICE pour le circuit de la Figure 9 montre que pour une résistance de la source de signal de 1MΩ, la bande à -3dB est de 30KHz au lieu de 2.6MHz pour une résistance de 2.2KΩ. Les électrodes de référence Hg/Hg$_2$Cl$_2$, qui sont les plus utilisées, ont une résistance électrique d'environ 10KΩ, ce qui correspond à une bande passante de 1.6MHz. La capacité d'entrée est due notamment aux capacités parasites grille - source des transistors JFET qui apparaissent en parallèle avec la capacité d'entrée de l'amplificateur opérationnel.

### 3.1.3 L'amplificateur de contrôle

Dans le schéma simplifié de potentiostat à trois électrodes présenté dans la Figure 11, l'amplificateur CA régule le courant qui traverse la cellule électrochimique entre l'électrode auxiliaire AUX et l'électrode de travail WE, de telle manière que la tension entre l'électrode de référence REF et celle de travail est égale à la tension d'entrée E$_{IN}$. Pour des raisons de simplicité, l'électrode de référence est reliée directement à l'entrée de l'amplificateur suiveur A, représenté sans protection.

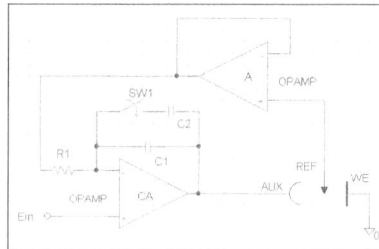

*Figure 11 Schéma de potentiostat à trois électrodes*

L'amplificateur de contrôle doit satisfaire quelques conditions principales:

❏ Il doit avoir une grande excursion en tension de sortie pour ne pas rentrer en saturation dans le cas des cellules où l'impédance comprise entre l'électrode auxiliaire et celle de référence Z$_{AUX-REF}$ est beaucoup plus grande que l'impédance comprise entre l'électrode de référence et celle de travail Z$_{REF-WE}$. La tension à la sortie du CA est donnée par l'équation:

$$E_{CA}^{OUT} = E_{REF} \left( 1 + \frac{Z_{AUX-REF}}{Z_{REF-WE}} \right) \hspace{3cm} ( 7 )$$

❑ Il doit supporter des forts courants transitoires pour pouvoir charger au plus vite la capacité de la double couche de l'électrode de travail et, aussi, les capacités parasites des connexions et de la cellule.

❑ Il doit être rapide, condition requise dans les mesures d'impédance et également dans l'étude des processus cinétiques de l'électrode de travail où on cherche à éliminer les artefacts dus à la diffusion.

Le circuit choisi comme amplificateur de contrôle est l'amplificateur de puissance Burr-Brown OPA2544, alimenté en ±20V. Il fournit un courant de maximum 2A.

## 3.1.4 Comportement en fréquence

Pour des raisons de simplicité nous allons considérer, dans l'analyse du comportement en fréquence, le cas ou le système est configuré en mode potentiostatique et est relié à une cellule électrochimique à trois électrodes.

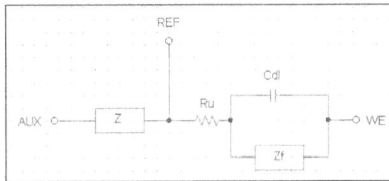

*Figure 12 Circuit équivalent simplifié d'une cellule électrochimique à trois électrodes*

Lorsqu'on demande beaucoup à l'électronique analogique en terme de vitesse et de comportement en fréquence il est très important de remarquer que la cellule électrochimique est bouclée dans la contre réaction de l'amplificateur de contrôle et que, en conséquence, les performances du système ne sont pas liées seulement à l'instrumentation mais aussi à la cellule. Divers auteurs [18,29,43,56,60] ont cherché à optimiser la construction de la cellule, la forme et la position des électrodes, etc. La géométrie souvent complexe de la cellule, la diversité des systèmes électrochimiques étudiés et leur comportement non linéaire (la caractéristique d'un système électrochimie peut être considérée comme linéaire seulement sur des petites portions) font que la fonction de transfert globale est difficile à exprimer analytiquement en dehors de cas bien particuliers. La Figure 12 montre un circuit équivalent, souvent utilisé pour représenter une cellule électrochimique à trois électrodes. $C_{DL}$ est la capacité de la double couche, $Z_F$ l'impédance faradique de l'interface de travail, $R_U$ la résistance de la solution comprise entre l'électrode de référence et la surface de l'électrode de travail et Z l'impédance entre l'électrode auxiliaire et celle de référence.

### 3.1.5 La stabilité

Les problèmes de stabilité de la boucle de contrôle sont liés à la différence entre la phase du signal de commande et la phase du signal retourné à l'entrée de l'amplificateur de contrôle par la contre réaction négative.

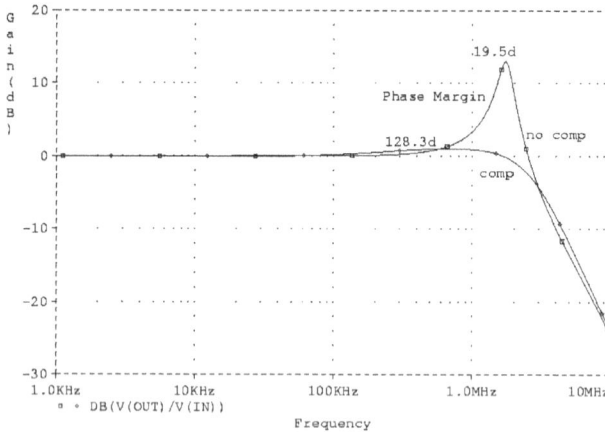

*Figure 13 Analyse en fréquence du circuit de contrôle en boucle fermé sans cellule, sans et avec compensation (pole à 220KHz)*

Une cellule capacitive, des électrodes de référence de haute impédance, une gamme plus sensible de mesure du courant ou de longs câbles de connexion sont des éléments qui rajoutent une différence de phase à la différence de phase inhérente introduite par les composants électroniques. Pour réduire les chances d'avoir des instabilités (oscillations ou saturations) une compensation doit être mise en place. La difficulté dans le calcul du circuit de compensation est de trouver la fonction de transfert de la cellule électrochimique, qui se comporte comme un circuit complexe à paramètres distribués, variables dans le temps.

Afin de pouvoir analyser la stabilité du circuit de contrôle (Figure 11) on a réduit le grand nombre de configurations possibles à deux cas particuliers: le premier où le circuit de contrôle est en configuration de suiveur, c'est à dire que l'entrée de l'électrode de référence est directement liée à l'électrode auxiliaire (montage à 2 électrodes utilisé pour étudier les batteries) et le deuxième cas où la cellule électrochimique est remplacée par le circuit de la Figure 12.

Dans la configuration à 2 électrodes, l'analyse en PSPICE (Figure 14) en boucle ouverte, révèle le fait que, sans compensation, à la fréquence où le gain de boucle $|A(f) \cdot \beta(f)|$ se rapproche de l'unité, le déphasage entre le gain et la réaction est de 160.4°

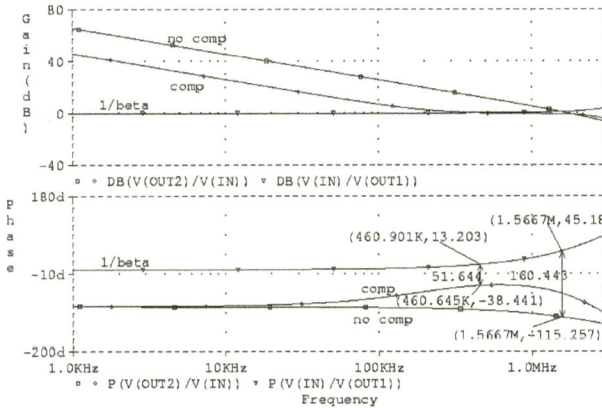

*Figure 14 Diagramme de Bode du gain et de la phase en*
*boucle ouverte avec et sans compensation*

Bien que la limite d'instabilité de 180° ne soit pas atteinte, la marge de phase est de seulement 19.5°. Pour limiter l'apparition des sur-oscillations dans le cas des signaux transitoires nous avons introduit un pole de correction dans le gain de l'amplificateur de contrôle à environ 220KHz (R1=33k, C1= 22pF dans la Figure 11). Cette compensation réduit le déphasage a 51.6°, avec une marge de 128.3°, approximativement 3 fois plus grande que la marge généralement recommandée de 45°, ce qui confère au circuit de contrôle une excellente réponse transitoire dans cette configuration de suiveur.

Dans la configuration d'amplificateur, l'analyse de la stabilité est plutôt qualitative, en raison du fait que le circuit équivalent d'une cellule électrochimique et / ou les valeurs de ses impédances peuvent changer d'un système électrochimique à l'autre ou même pendant le déroulement d'une expérience. La valeur de la capacité de la double couche, par exemple, dépend de la tension sur l'interface en cause, et, en conséquence, les conditions d'oscillations peuvent être remplies seulement à certains potentiels.

La Figure 15 présent la famille de courbes $1/\beta(f)$ - l'inverse de la fonction de transfert du bloc de contre réaction dans lequel la cellule électrochimique est incluse- avec comme paramètre la capacité de la double couche ($Z=1k\Omega$, $R_U=10\Omega$, $Z_F=10k\Omega$, $C_{DL}=0,1nF - 100nF$).

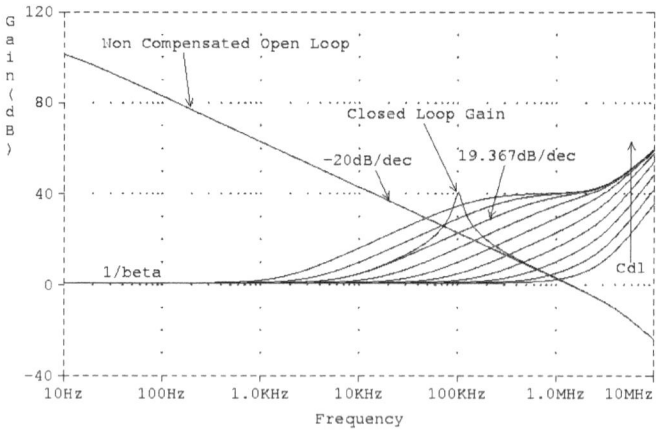

Figure 15 Famille de courbes du gain en boucle ouverte sans compensation, avec comme paramètre la capacité de la double couche

On observe que les courbes $1/\beta(f)$ coupent à une pente d'environ 20dB/décade la courbe de gain en boucle ouverte de l'amplificateur de contrôle qui descend à -20dB/décade, ce qui fait que la différence entre ces deux pentes est très proche de la limite de stabilité de 40dB/décade [55].

Un potentiostat idéal devrait pouvoir compenser chaque type de cellule, ce qui est impossible à réaliser dans la pratique. La solution proposée ici est d'introduire d'une manière optionnelle, une forte compensation par l'intermède du commutateur SW1 (Figure 11). Cette compensation a comme effet la réduction du gain de l'amplificateur de contrôle Figure 16.

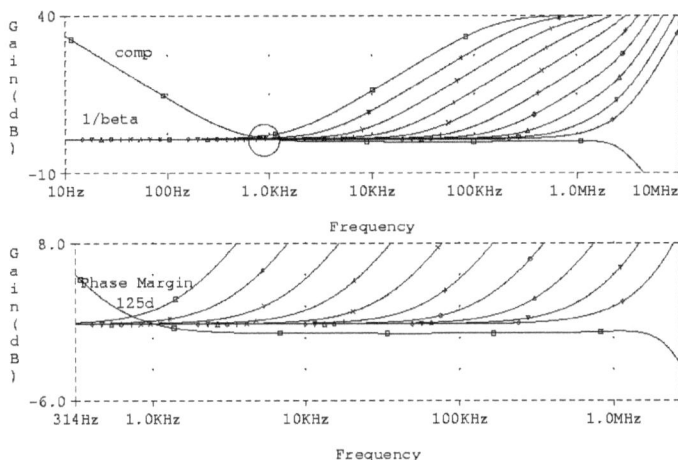

*Figure 16 Courbe Bode du gain en boucle ouverte avec compensation*

## 3.1.6 L'analyse des erreurs du circuit de contrôle

Pour évaluer les erreurs absolue et relative qui apparaissent dans le contrôle de la tension entre les électrodes de référence, en mode potentiostatique, pour le circuit de la Figure 7 on applique une tension de commande de 1V à l'entrée $E_A$ alors que les entrées $E_B$ et $E_{SIN}$ sont à la masse.

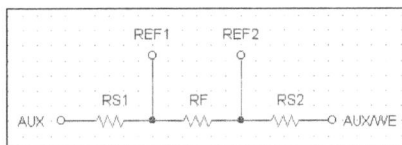

*Figure 17 Circuit équivalent d'une cellule à 4 électrodes pris pour le calcul des erreurs du circuit de contrôle analogique*

Les erreurs absolues référées à l'entrée RTI (Referred To Input) pour chaque amplificateur opérationnel sont calculées à partir des courbes des catalogues. On a considéré dans le calcul les erreurs introduites par les tensions d'offset, les courants de polarisation, le taux fini de réjection du mode commun et des tensions d'alimentation, l'amplification limitée en boucle ouverte et le bruit. Les courants de fuite et l'influence des résistances ON (centaines des ohms) des commutateurs analogiques ont été négligés car ils sont connectés entre des sources de basse impédance et des entrées de haute impédance. Pour calculer l'erreur due à la réjection des tensions d'alimentation PSR (Power Supply Rejection) on a considéré une variation de basse fréquence avec une amplitude de 200mV superposée aux tensions d'alimentation. La cellule électrochimique est remplacée par une cellule purement résistive (Figure 17) avec des valeurs de résistances dans le rapport $2K\Omega:1K\Omega:2K\Omega$.

La tension de commande appliquée à l'entrée non inverseuse de l'amplificateur de contrôle CA1 est obtenue par l'addition des trois tensions $E_A$, $E_B$, $E_{SIN}$. La condition pour que cette addition se fasse correctement est que les résistances qui font la somme (R1, R2 et R3) soient égales. Sinon, intervient une erreur d'addition qui représente l'écart de la fonction de transfert à sa valeur idéale. Pour une tolérance de 0.1% et une valeur nominale des résistances de $2K\Omega$, l'erreur relative résultante est de 0.13%. Un tri des résistances avec une précision de $0.1\Omega$ permet de descendre à une erreur de 0.006%.

Un résumé des erreurs rapportées aux entrées des électrodes de référence est présenté dans le Tableau 1. Sans aucun réglage de gain ou d'offset il en résulte une erreur absolue de 66.36mV soit une erreur relative de 6.63% pour le contrôle d'une tension continue de 1V entre les électrodes de référence. Cette erreur est partagée entre l'erreur de gain de 3% et l'erreur d'offset de 3.61%. Les contributions les plus importantes sont apportées par le convertisseur DA (PCM1700), partiellement par l'amplificateur A4(OPA2604) et par les amplificateurs de contrôle CA1 et CA2 (OPA2544).

### 3.1.6.1 Le réglage d'offset

Un réglage général d'offset ne peut pas être envisageable étant donné les différents modes de configuration des amplificateurs présents dans le contrôle de la cellule électrochimique (CA1, CA2, A1, A2). Chaque amplificateur est donc prévu avec son propre réglage d'offset (non figuré pour A1 et A2, P3 pour CA2). Le potentiomètre P2 permet un réglage de ±33mV qui couvre l'offset de l'amplificateur CA1 et celui introduit par tous les circuits en amont de celui-ci.

### 3.1.6.2 Le réglage de gain

L'erreur de gain est due principalement au convertisseur DA et augmente avec la fréquence au fur et à mesure que le gain en boucle ouverte des amplificateurs diminue. Cette erreur est réduite par le réglage du potentiomètre P1 qui permet la modification du gain avec un facteur de 3.33% de telle sorte que la gamme de dispersion du convertisseur soit couverte.

*Tableau 1 Les erreurs du circuit de contrôle rapportées aux entrées des électrodes de référence*

| Erreur | Gain | Offset (mV) | PSR (µV) | Bruit (µVrms) |
|---|---|---|---|---|
| DAC | 3%x1V=30mV | 20 | 20 | 6 |
| Circuit somme | 3x0.006%x1V=0.18mV | - | - | - |
| A1 | 0.56µV | 0.5 | 1.26 | 3.53 |
| A2 | 0 | 0.5 | 1.26 | 3.53 |
| A3 | 7.56µV | 0.1 | 1.2 | 7.50 |
| A4 | 0 | 5 | 4 | 4.87 |
| CA1 | 22.5µV | 5 | 2.2 | 19.20 |
| CA2 | 11.24µV | 5 | 2.2 | 19.20 |
| **Total** | 30.21mV | 36.1 | 28.22 | $\sqrt{\sum N^2}$ =30.6 |
| **Absolue** | **66.36mV** | | | |
| **Relative** | **6.63%** | | | |

### 3.1.6.3 Les erreurs après le réglage d'offset et de gain

Après la suppression par réglage des erreurs d'offset et de gain, l'erreur qui reste est due au bruit et à la variation des tensions d'alimentation. Au fur et à mesure que la fréquence augmente, l'erreur de gain devient importante.

*Tableau 2 L'erreur totale après le réglage d'offset et de gain*

| Erreur | Gain | Offset (mV) | PSR (µV) | Bruit (µVrms) |
|---|---|---|---|---|
| Totale | 0 | 0 | 28.22 | 30.6 |
| Absolue | 58.82µV | | | |
| Relative | 0.006% | | | |

Tous ces erreurs ont été calculées pour une cellule résistive aux valeurs connues (2KΩ:1KΩ:2KΩ). Les rapport des résistances de la cellule $R_{S1}/R_F$ et $R_{S2}/R_F$ ainsi que le rapport $R_M/R_F$ entre la résistance de mesure du courant et $R_F$ interviennent aussi dans l'expression de l'erreur totale, notamment dans l'erreur de gain.

$$E_{REF2-REF1} = E_{IN} \left( \frac{1}{1+A_{A1}} + \frac{1}{1+A_{A3}} + \frac{1}{1 + \dfrac{A_{CA1}}{1 + \dfrac{R_M}{R_F} + \dfrac{R_{S1}}{R_F}}} + \frac{1}{1 + \dfrac{A_{CA2}}{\dfrac{R_{S2}}{R_F}}} \right) \qquad (8)$$

Dans l'équation ( 8 ) on observe que plus les rapports $R_M/R_F$, $R_{S1}/R_F$ et $R_{S2}/R_F$ augmentent, plus le gain de boucle des amplificateurs CA1 et CA2 diminue et donc la précision du contrôle de la différence de potentiel sur l'interface de travail diminue aussi. Autrement dit, pour une cellule électrochimique quelconque, la tension sur la résistance de mesure $R_M$ et les chutes de potentiel entre les électrodes auxiliaires et les électrodes de référence correspondantes ne doivent pas êtres beaucoup plus grandes que la différence de potentiel entre les électrodes de référence, si l'on veut préserver la précision.

Dans la Figure 18 l'erreur de gain est représentée en fonction du rapport $R_M/R_F$ dans le cas d'une cellule à deux électrodes ($R_{S1} = R_{S2} = 0$) pour un signal d'entrée continu (courbe DC) et sinusoïdal à la fréquence de 1KHz (courbe 1KHz). En courant continu, pour garder une erreur de gain inférieure à 0.2% par exemple, il faudrait que $R_M$ ne soit pas plus grande que 400$R_F$ tandis qu'à 1KHz pour maintenir une même erreur $R_M$ ne doit pas dépasser 1.5$R_F$.

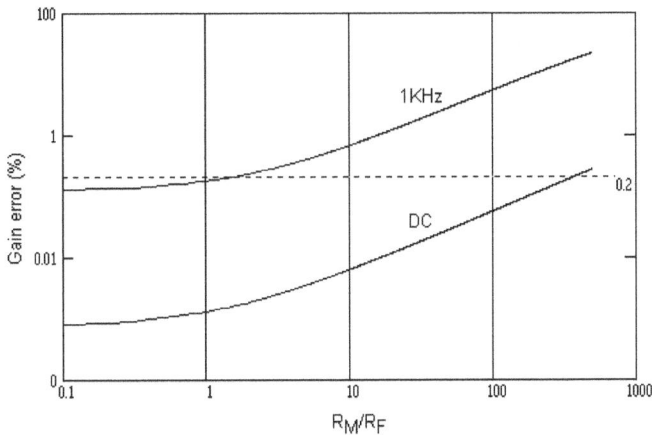

*Figure 18 L'influence du rapport $R_M/R_F$ sur l'erreur de gain ($R_{S1}=R_{S2}=0$)*

## 3.1.7 Les configurations

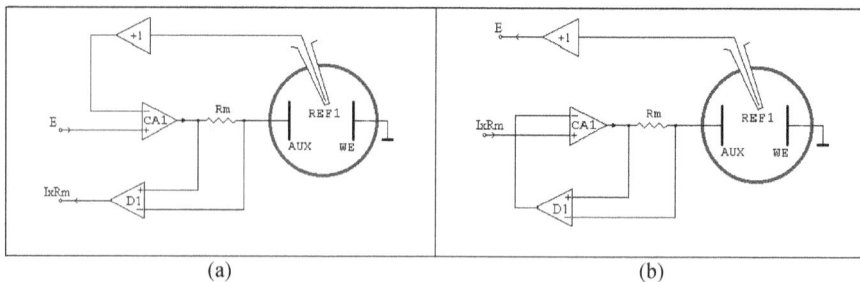

(a)                                                    (b)

*Figure 19 Configurations à trois électrodes ; (a) potentiostat (b) galvanostat*

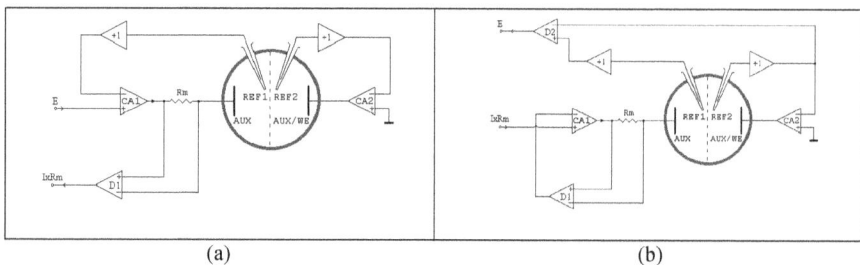

(a)                                                    (b)

*Figure 20 Configurations à quatre électrodes ; (a) potentiostat (b) galvanostat*

Abréviations : CA1,CA2 amplificateurs de contrôle, +1 amplificateur répéteur à haute impédance d'entrée ; D1, D2 amplificateurs de différence, Rm résistance pour la mesure de courant.

## 3.2 La mesure de la tension

### 3.2.1 Description

Les électrodes de référence REF1 et REF2 sont reliées aux entrées des amplificateurs suiveurs de haute impédance A1 et A2 (Figure 7). Les sorties de ces deux amplificateurs sont reliées ensuite aux entrées de l'amplificateur différentiel unitaire de précision A5 réalisé avec le circuit INA105, ce qui fait qu'à la sortie de A5 on retrouve la différence de potentiel entre les électrodes de référence:

$$E_{REF} = E_{DIFF2}^{OUT} = E_{REF2} - E_{REF1} \qquad (9)$$

La tension $E_{REF}$ peut être atténuée par un facteur ½ avant la numérisation si elle dépasse la valeur maximale admise à l'entrée du convertisseur AD. Les deux gammes de tension ±2.75V ou ±5.5V sont sélectionnées par les commutateurs analogiques AT1 et AT1/2.

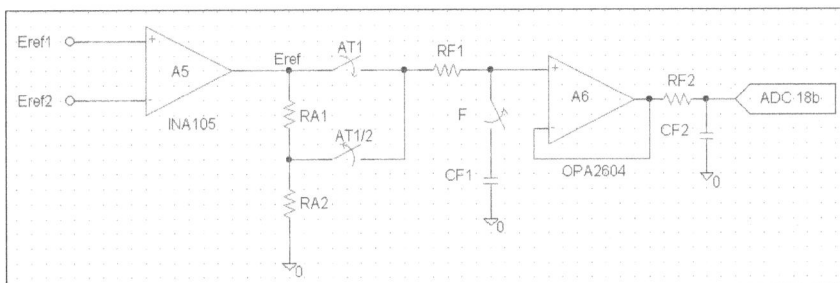

*Figure 21 Schéma pour la mesure de la différence de potentiel entre les électrodes de référence*

Quand on ne s'intéresse qu'à la mesure des signaux continus ou lentement variables, comme par exemple dans le cas du tracé des courbes de polarisation, on peut filtrer le signal utile et éliminer le bruit de haute fréquence avec le filtre passe-bas formé par RF1 et CF1 (Figure 21, commutateur analogique F en position fermée). Le filtre est caractérisé par une fréquence de coupure aux alentours de 100Hz et une atténuation de 45dB au-delà de 20KHz.

Pour éviter les distorsions, dans le schéma d'application du double convertisseur analogique-numérique DSP102 [57], les entrées doivent être reliées à des sources de tension avec de faibles impédances de sortie. C'est le rôle de l'amplificateur suiveur A6. La résistance RF2 (150Ω) et le condensateur CF2 (220pF) aident à la réduction de la charge dynamique à l'entrée du convertisseur qui provoque des changements rapides du courant d'entré pendant la conversion.

## 3.2.2 Analyse des erreurs

Les erreurs absolue et relative dans la mesure de $E_{REF}$ avec le circuit de la Figure 21 sont évaluées à partir des courbes de catalogue, lorsqu'on applique à l'entrée une tension de 1V. Un résumé qui inclut les erreurs des amplificateurs de haute impédance A1 et A2 (Figure 7) est présenté dans le Tableau 3. On a considéré dans le calcul les erreurs introduites par les tensions d'offset, les courants de polarisation, le taux fini de réjection des tensions d'alimentation, l'amplification limitée en boucle ouverte et le bruit.

*Tableau 3 Les erreurs du circuit de mesure de la tension rapportées aux entrées de référence.*

| Erreur | Gain | Offset (mV) | PSR (µV) | Bruit (µVrms) |
|---|---|---|---|---|
| A1 | 0.56µV | 0* | 1.26 | 3.53 |
| A2 | 0 | 0* | 1.26 | 3.53 |
| A5 | 0.01%x1V=100µV | 0.5 | 2.2 | 26.9 |
| A6 | 10µV | 5 | 4 | 8.41 |
| **Totale** | 110µV | 5.5 | 8.72 | $\sqrt{\sum N^2}$ =28.6 |
| **Absolue** | **5.647mV** | | | |
| **Relative** | **0.56%** | | | |

*Le décalage introduit par les tensions d'offset des amplificateurs A1 et A2 est annulé par le réglage mentionné sur la partie de contrôle.

On a considéré dans le calcul de l'erreur due à la réjection des tensions d'alimentation PSR (Power Supply Rejection) une variation de basse fréquence avec une amplitude de 200mV superposée aux tensions d'alimentation. Cette amplitude est inacceptable pour le convertisseur AD qui a un taux de réjection des tensions d'alimentations de seulement 60dB ce qui représente l'équivalent de 400µV de bruit soit 19LSB ! En conséquence, pour garder l'erreur de PSR dans des limites acceptables (moins de 1LSB - 21µV) il faut que les variations des tensions d'alimentation du convertisseur AD ne dépassent pas 20mV en amplitude.

### 3.2.2.1 Les erreurs après le réglage d'offset et de gain

Au delà du réglage d'offset des amplificateurs A1 et A2, qui est nécessaire sur la partie de contrôle, aucun autre réglage d'offset sur la partie de mesure de tension n'est prévu. La compensation de l'erreur d'offset et de gain en signal continu se fait au niveau logiciel.

*Tableau 4 Les erreurs après la compensation d'offset et de gain.*

| Erreur | Gain | Offset (mV) | PSR (µV) | Bruit (µVrms) |
|--------|------|-------------|----------|---------------|
| Totale | 0 | 0 | 8.72 | 28.6 |
| Absolue | 37.32µV | | | |
| Relative | 0.004% | | | |

## 3.2.3 Le rapport signal / bruit

On considère l'effet cumulé du bruit introduit par le circuit de contrôle en configuration de potentiostat et celui introduit par le circuit de mesure (sans le convertisseur AD) dans la bande de fréquence de 1Hz à 200KHz, rapporté aux entrées de référence.

En tenant compte des valeurs du bruit calculées dans le Tableau 2 et le Tableau 4 on trouve :

$$N = \sqrt{\sum N_i^2} = 42\mu Vrms \qquad (10)$$

Dans les conditions d'un signal sinusoïdal avec une amplitude de 2.75V (1.944Vrms) qui couvre en totalité la gamme dynamique du convertisseur AD, le rapport signal / bruit est donné par l'équation:

$$S/N = 20\log\frac{S}{N} = 93dB \qquad\qquad (11)$$

La valeur typique de catalogue du rapport signal/bruit qui caractérise le convertisseur AD est, dans les mêmes conditions, de 88dB, très proche du rapport S/N exprimé par l'équation ( 11 ), ce qui signifie une bonne adaptation des performances du convertisseur avec celles du circuit de contrôle et mesure.

Des problèmes de bruit d'une autre nature apparaissent, comme on le verra dans le prochain chapitre, à cause du convertisseur DC/DC utilisé pour l'alimentation flottante du circuit de mesure du courant.

## 3.3 La mesure du courant

### 3.3.1 Description

Le courant qui traverse la cellule électrochimique est mesuré par la chute de potentiel $E_I$ sur la résistance de précision $R_M$, qui se trouve entre la sortie de l'amplificateur de contrôle CA1 et l'électrode auxiliaire AUX (Figure 22).

$$E_I = I \cdot R_M \tag{12}$$

Le rôle du circuit de mesure est de ramener $E_I$ dans la gamme de ±2.75V, nécessaire à la deuxième entrée du convertisseur AD. Par rapport à la masse, $E_I$ a une tension de mode commun égale à la tension à la sortie de CA1. Cette tension est éliminée par l'amplificateur différentiel unitaire de précision A8, réalisé avec le circuit INA117, qui supporte une tension d'entrée de mode commun allant jusqu'à ±200V.

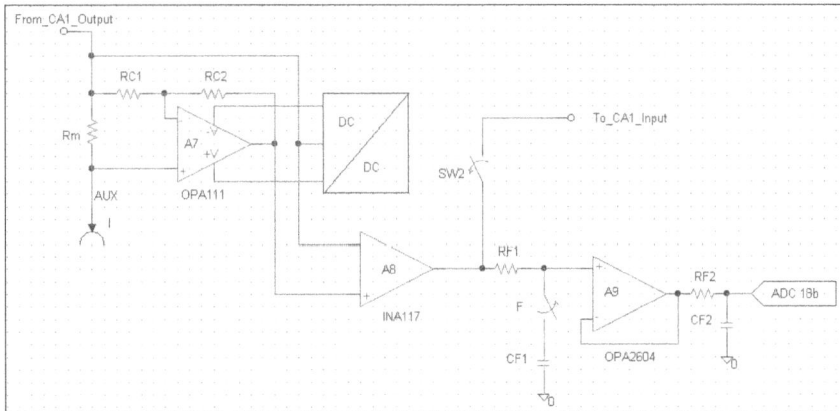

*Figure 22 Schéma pour la mesure du courant*

Vu que l'amplificateur INA117 a un faible impédance d'entrée il est nécessaire d'introduire l'amplificateur de haute impédance A7 (OPA111) pour éviter les erreurs de division dans la mesure des petits courants. Pour permettre le fonctionnement dans la gamme des tensions de mode commun, l'amplificateur A7 est alimenté en flottant par un convertisseur DC/DC qui isole l'amplificateur du reste du circuit.

A la sortie du A8 on retrouve la chute de potentiel sur $R_M$ amplifiée et inversée :

$$E_A = -I \cdot R_M \cdot A = -I \cdot R_M \left( 1 + \frac{RC2}{RC1} \right)$$
( 13 )

Comme prévu dans le circuit pour la mesure de la tension, le signal peut être filtré par la fermeture du commutateur F, pendant que l'amplificateur A9 se comporte comme une source de faible impédance à l'entrée du convertisseur AD.

## 3.3.2 Choix de la résistance de mesure

L'expression de la tension qui contient l'information du courant est idéalement donnée par l'équation ( 13 ). En réalité le signal est altéré par plusieurs facteurs (parmi lesquels le bruit) qui réduisent la précision des mesures. En mode potentiostatique par exemple, le courant peut varier sur quelques décades en fonction de la tension appliquée sur l'interface électrochimique. Mesurer correctement ce courant nécessite avant tout de répondre aux questions suivantes : quels sont la meilleure valeur de la résistance $R_M$ et le meilleur facteur d'amplification A, de telle sorte que la mesure et le contrôle se fassent avec la meilleure précision tout en gardant la tension $E_A$ dans la gamme des tensions admissibles à l'entrée du convertisseur AD ? Autrement dit, étant donné un courant quelconque, est-il préférable d'utiliser une résistance $R_M$ plus forte et de diminuer l'amplification A ou l'inverse ? Du point de vue du circuit de contrôle, la chute de potentiel sur la résistance de shunt $R_M$ doit être maintenue au plus faible parce que, premièrement, elle vient diminuer la tension maximale qu'on peut avoir sur la cellule et deuxièmement parce que plus elle augmente plus l'effort d'amplification de l'amplificateur de contrôle (CA1) augmente, réduisant ainsi la bande passante. Du point de vue du circuit de mesure il vaut mieux diminuer l'amplification A et augmenter la résistance de shunt car la tension de bruit est proportionnelle à la racine carrée de la valeur de la résistance.

Pour trouver le bon compromis on va représenter les courbes du rapport signal / bruit en fonction de $R_M$ et A. On considère un courant qui, transformé en tension et amplifié, atteint la tension maximale à l'entrée du convertisseur AD qui est de 2.75V. L'expression du bruit RMS qu'on retrouve à la sortie du circuit de la Figure 22 est :

$$N = \sqrt{\left(\overline{e_{RM}^{n}}^{2} + \overline{e_{A7}^{n_{RTI}}}^{2}\right)\left(1 + \frac{RC2}{RC1}\right)^{2} + \overline{e_{RC1}^{n}}^{2}\left(\frac{RC2}{RC1}\right)^{2} + \overline{e_{RC2}^{n}}^{2} + \overline{e_{A8}^{n_{RTO}}}^{2} + \overline{e_{RF1}^{n}}^{2} + \overline{e_{A9}^{n_{RTO}}}^{2} + \overline{e_{RF2}^{n}}^{2}} \qquad (14)$$

NB: RTO – Referred To Output, RTI – Referred To Input

En tenant compte de la formule générale du bruit thermique d'une résistance à 25°C [55] et de l'équation ( 13 ), le bruit de la résistance $R_M$ devient :

$$\overline{e_{RM}^{n}} = 0.13\sqrt{BR_{M}} = 0.13\sqrt{B\frac{2.75}{I \cdot A}} = 0.13\sqrt{B\frac{2.75}{I \cdot \left(1 + \frac{RC2}{RC1}\right)}} \qquad (15)$$

NB : Bruit en $\mu$Vrms, Résistance en M$\Omega$, Bande passante (B) en Hz, Courant en $\mu$A

A partir des équations ( 14 ) et ( 15 ), en particularisant pour RC2=2K$\Omega$ et tenant compte des calculs de bruit de l'Annexe B, pour une bande passante de 1Hz à 200KHz, le bruit N s'exprime en fonction de l'amplification A comme :

$$N = \sqrt{5.2A^{2} + A\left(\frac{9295}{I} + 6.76\right) + 60570.72} \qquad (16)$$

Dans la Figure 23 sont présentées les courbes du rapport signal / bruit en fonction de l'amplification A pour différentes valeurs de courant. De l'analyse en fréquence (non présentée ici) on s'aperçoit que si l'amplification est supérieure à 6 la bande passante est inférieure à 200KHz, ce qui réduit la zone intéressante à A compris entre 1 et 6.

Dans cette zone, les courbes SN ont une allure constante avec l'amplification pour des courants supérieurs à 10$\mu$A car le bruit est imposé ici par le circuit INA117 : $\overline{e_{A8}^{n_{RTO}}}$ dans l'équation ( 13 ).

Aux petits courants le bruit de la résistance de mesure devient important et on voit une dégradation du rapport signal / bruit (courbes 1$\mu$A et 100nA).

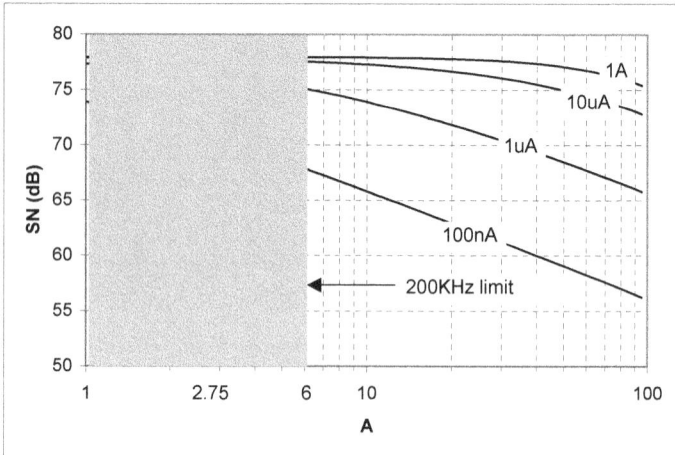

*Figure 23 Courbes du rapport signal / bruit en fonction du facteur*
*d'amplification pour différentes valeurs du courant*

On à choisi un facteur d'amplification A = 2.75 (RC1 = 1K$\Omega$ et RC2 = 1.75K$\Omega$) pour les raisons suivantes:

❏ La tension maximale sur le shunt est de 1V, ce qui convient du point de vue contrôle dans le sens où elle ne réduit pas trop la gamme des tensions sur la cellule.

❏ L'amplificateur A7 garde une bande passante aux petits signaux suffisamment large, aux alentours de 700MHz.

❏ Les résistances de mesure ont des valeurs courantes : 1$\Omega$, 10$\Omega$ etc.

### 3.3.3 Les gammes de courant et les relais

L'instrument est prévu avec huit gammes de courant qui varient par décades de $\pm 1A$ à $\pm 100nA$, ce qui correspond à huit résistances de $1\Omega$ à $10M\Omega$. La courbe (a) de la Figure 24 représente le rapport signal bruit en fonction du courant sur toutes les gammes. Pour comparaison on a tracé le rapport signal bruit dans le cas où on ne disposerait que de 4 shunts pour couvrir les mêmes gammes de courant : courbe (b). La différence entre la courbe (a) où le shunt change à chaque décade et la courbe (b) où le shunt change sur 2 décades, se traduit finalement par une différence de précision sur la mesure.

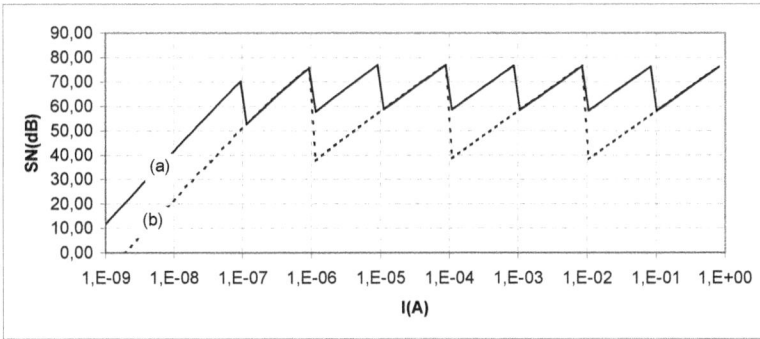

*Figure 24 Le rapport signal / bruit sur (a) 8 gammes de courant, (b) 4 gammes de courant*

Le changement des gammes se fait par commutation avec des relais. Les relais, par rapport aux commutateurs analogiques, même s'ils ont des temps de commutation plus grands, ont l'avantage d'avoir une faible résistance ON et peuvent être utilisés à des courants et tensions plus forts.

Aux petits courants l'utilisation des relais à contacts mécaniques a certains inconvénients. Le courant n'est pas suffisant pour garder les contacts propres de point de vue électrique et en conséquence le relais peut devenir sensible aux vibrations. Ce problème est dû au dépôt d'hydrocarbures sur les contacts. Quand le courant est suffisamment grand, le contact chauffe et les dépôts s'évaporent, mais quant il est faible, le contact chauffe juste suffisamment pour polymériser les dépôts et pour transformer le contact en bon isolant [62]. A cause de cela, les relais pour la mesure des petits courants (K1-K5 Figure 25) sont du type contact mouillé à mercure qui ont une résistance de contact stable pendant tout le temps de fonctionnement.

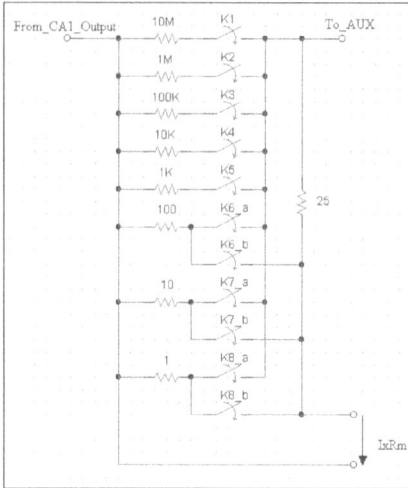

*(a)*

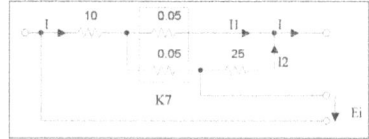

*(b)*

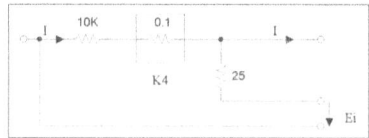

*(c)*

*Figure 25 Schémas : (a) commutation des gammes de courant (le câblage respecte ce schéma) ; (b) mesure des forts courants ; (c) mesure des faibles courants*

La résistance de contact du relais $R_C$ (valeur typique de $0.1\Omega$ pour les relais mercure et $0.05\Omega$ pour les relais à contacts croisés) apparaît en série avec la résistance de mesure $R_M$ et intervient dans l'expression de la tension mesurée.

$$E_I = I(R_M + R_C)$$
(17)

Si l'erreur relative introduite par la chute de potentiel sur la résistance de contact est négligeable à faible courant (0.01% pour $R_M$=1K$\Omega$), elle devient importante à fort courant (gammes ±10mA, ±100mA et ±1A) où on pratique en conséquence un schéma « à trois points », voir Figure 25 (b), avec des relais doubles : un contact utilisé pour le passage principal du courant et l'autre pour la mesure. Le courant qui traverse le contact de mesure $I_2$ est maintenu à une valeur différente de zéro, pour des raisons de « contact propre » mentionnées plus haut, mais inférieure au courant I de façon que la chute de potentiel $I_2R_C$ soit négligeable. La tension mesurée s'écrit dans ce cas :

$$E_I = IR_M + I_2R_C = I\left(R_M + \frac{0.05 \cdot 0.05}{0.05 + 0.05 + 25}\right) = I(R_M + 0.0001) \qquad (18)$$

La résistance de 25Ω a été dimensionnée pour limiter l'erreur à 0.01% dans le cas le plus défavorable : $R_M = 1Ω$.

## 3.3.4 Analyse des autres erreurs

Jusqu'à présent, dans ce chapitre, on a analysé les erreurs introduites par le bruit et par la résistance de contact non nulle des relais. A part celles-ci on trouve aussi les erreurs introduites par les tensions d'offset, les courants de polarisation, le taux fini de réjection des tensions d'alimentation, le taux fini de réjection du mode commun et l'amplification limitée en boucle ouverte. Pour l'analyse des celles-ci on considère le circuit de la Figure 22 où le shunt $R_M$ a été remplacé par un générateur de tension de 1V superposé à une tension de mode commun de 20V. On a considéré dans le calcul de l'erreur due à la réjection des tensions d'alimentation, une variation de basse fréquence avec une amplitude de 200mV superposée aux tensions d'alimentation.

*Tableau 5 Les erreurs du circuit de mesure du courant rapportées à l'entrée.*

| Erreur | Gain | Offset (mV) | PSR (μV) | CMMR (mV) |
|---|---|---|---|---|
| A7 | 0.56μV | 0.5-0.51 | 1.26 | |
| A8 | 0.1mV | 0.364 | 4.6 | 0.73 |
| A9 | 10μV | 1.82 | 1.45 | |
| Totale | 110μV | 2.69 | 7.31 | 0.73 |

| Absolue | 3.54mV |
|---------|--------|
| Relative | 0.35% |

Le courant de polarisation de l'amplificateur A7 introduit sur la résistance de shunt un offset différent pour chaque gamme de courant (de 0.5 à 0.51mV), mais qui reste négligeable même pour les gammes de courant faible. En revanche, les erreurs d'offset et de la réjection du mode commun sont très importantes et nécessitent des ajustements à zéro.

### 3.3.4.1 Les erreurs après les réglages d'offset, gain et CMMR

La compensation des erreurs d'offset et de gain en signal continu se fait au niveau logiciel. Le réglage du mode commun est prévu en hardware car l'erreur de mode commun varie en fonction de la tension de mode commun et donc une compensation au niveau logiciel serait compliquée.

*Tableau 6 Les erreurs après la compensation d'offset, gain et CMMR.*

| Erreur | Gain | Offset (mV) | PSR (µV) | CMMR (µV) |
|--------|------|-------------|----------|-----------|
| Totale | 0 | 0 | 7.31 | 0 |
| Absolue | 7.31µV | | | |
| Relative | 0.001% | | | |

## 3.3.5 Le bruit du convertisseur DC/DC

Dans la Figure 22 le convertisseur DC/DC alimente en flottant le circuit A7 pour permettre le fonctionnement dans la gamme des tensions de mode commun qui peut varier entre ±20V ou même jusqu'à ±30V, en fonction de l'alimentation choisie pour l'amplificateur de puissance CA1. Les commutations inhérentes à l'intérieur du convertisseur augmentent le bruit général et perturbent également le contrôle et la mesure.

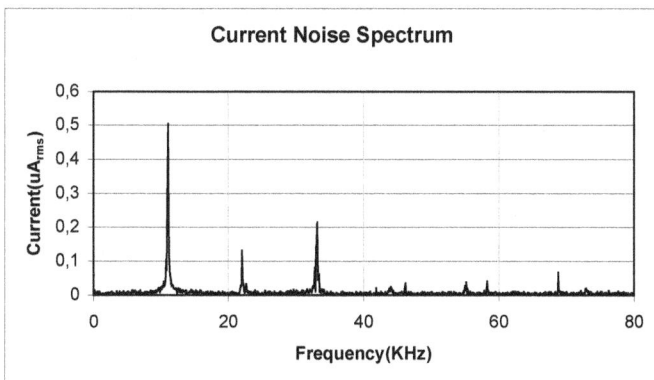

*Figure 26 Le bruit dû au convertisseur DC/DC enregistré sur la*
*mesure du courant dans la gamme 1mA*

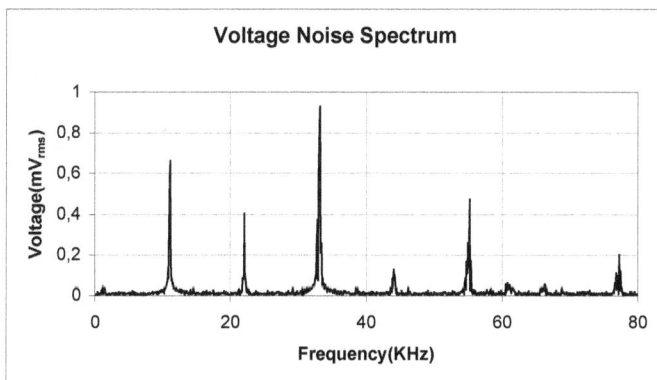

*Figure 27 Le bruit dû au convertisseur DC/DC enregistré sur la mesure du potentiel*

Pour mettre en évidence ces effets on a enregistré le courant (gamme 1mA) et la tension en mode potentiostatique, sur une résistance de 1KΩ à la place de la cellule, en mettant à la masse l'entrée du système. Le bruit se manifeste, comme on peut le voir sur la Figure 26 et la Figure 27, comme des pics à certaines fréquences. Même avec des filtres pi LC en sortie du convertisseur, le bruit reste assez bien défini, surtout sur les gammes des moyens et forts courants (1mA-1A) tandis que, sur les gammes des faibles courants, il est, heureusement, moins important.

## 3.4 Conversion numérique – analogique et analogique – numérique

### 3.4.1 Choix des convertisseurs

La voltammétrie linéaire et la voltammétrie cyclique sont des techniques à balayage linéaire du potentiel utilisées couramment en électrochimie. La nature numérique des signaux fait que les balayages ne sont pas parfaitement lisses, en réalité ils sont un enchaînement de petits sauts de potentiel. La capacité de la double couche des systèmes électrochimiques est généralement importante, ce qui fait qu'au moment d'un saut de potentiel le courant augmente aussitôt pour charger cette capacité. Une technique de mesure du courant qui serait seulement le reflet des réactions électrochimiques, consiste à attendre suffisamment pour que ce courant capacitif diminue avant de faire un enregistrement [65]. L'amplitude du courant capacitif au moment du saut et le temps nécessaire pour qu'il devienne négligeable, sont directement proportionnels à la valeur de la capacité et à l'amplitude du saut. Pour des vitesses de balayages rapides ou pour des systèmes électrochimiques à forte capacité (par exemple les super-capacités), où le temps est une contrainte importante, on cherche à diminuer l'amplitude du saut. Pour cette raison on a choisi le convertisseur numérique – analogique PCM1700 avec une résolution de 18 bits sur une gamme de ±3V, où le plus petit saut en tension est de 23µV.

Le convertisseur analogique – numérique à été choisi sur d'autres critères, notamment pour satisfaire le besoin de précision et pour pouvoir faire des mesures d'impédance. DSP102 est un convertisseur double qui permet d'échantillonner simultanément, avec la même résolution de 18 bits, les signaux réponse de la cellule en courant et en potentiel. Dans les mesures d'impédance les signaux ont de petites amplitudes (valeurs usuelles à potentiel imposé entre ±5mV et ±20mV), ce qui fait que, généralement, on les amplifie après avoir compensé à zéro la partie continue du signal. La résolution du convertisseur choisi est assez grande - 21µV sur la gamme de ±2.75V, soit l'équivalent de 9 bits de résolution pour une sinusoïde de ±5mV d'amplitude - pour éviter cette procédure et simplifier le circuit. Pour mettre en évidence l'influence des erreurs dues à la numérisation et au bruit, une simulation a été faite en LabVIEW.

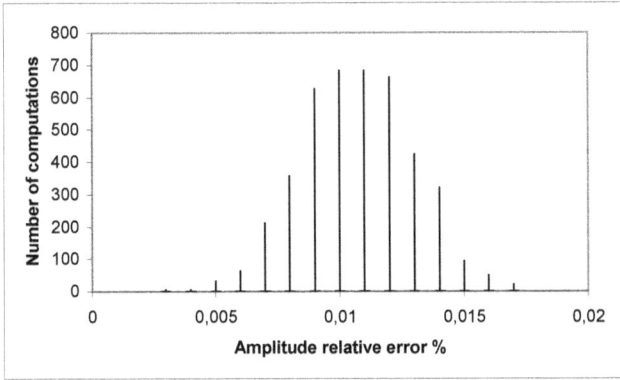

*Figure 28 Histogramme de l'erreur relative dans le calcul par la FFT de l'amplitude d'une sinusoïde de 5mV d'amplitude après 5000 exécutions à un bruit de 1μVrms*

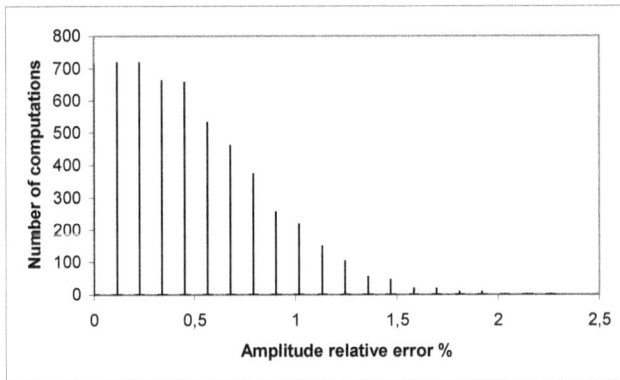

*Figure 29 Histogramme de l'erreur relative dans le calcul par la FFT de l'amplitude d'une sinusoïde de 5mV d'amplitude après 5000 exécutions à un bruit de 1mVrms*

La simulation consiste à évaluer statistiquement l'erreur relative qui ressort du calcul de l'amplitude d'une sinusoïde en utilisant la transformé FFT. Le calcul se fait en prenant 2048 points sur 4 cycles d'une sinusoïde de 5mV d'amplitude à laquelle on rajoute un bruit de distribution uniforme. On remarque que, dans le cas d'un bruit faible (Figure 28), l'erreur de numérisation est d'environ 0.01%, tandis que dans une situation plus proche de la pratique où le bruit est relativement important (Figure 29), l'erreur de numérisation est complètement masquée par le bruit. La conclusion est que la résolution du convertisseur, telle qu'elle à été choisie, est correcte. On pourrait diminuer l'erreur en prenant un plus grand nombre de points ou en moyennant les résultats sur plusieurs FFT.

## 3.4.2 L'interface avec le processeur

Les convertisseurs AD et DA s'interfacent facilement avec le processeur C30 par des liaisons série. Chaque convertisseur a deux voies analogiques : deux pour l'acquisition, et deux pour la génération. Le processeur C30 possède deux interfaces série numérotées 0 et 1. L'interface entre les convertisseurs et le processeur est montrée dans la Figure 30. DSP102 est interfacé avec la partie réception du C30 et PCM1700 avec la partie transmission. DSP102 est configuré dans mode normal (CASC = 0), de sorte qu'au moment où le C30 démarre une conversion via l'horloge programmable TCLK0, les entrées A et B sont numérisées dans deux mots de 18 bits.

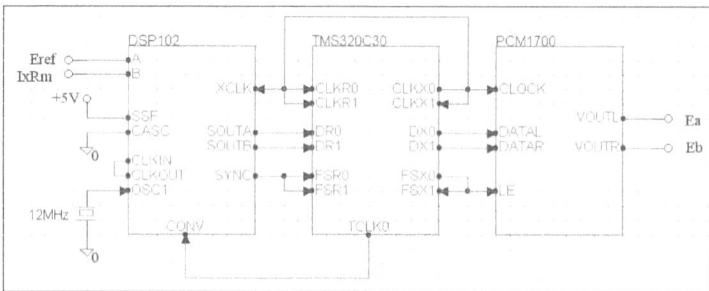

*Figure 30 Schéma d'interface entre le processeur C30 et les convertisseurs A/D et D/A*

Après environ 5.8µs, qui représentent le temps de conversion, DSP102 avertit C30 par le signal SYNC que les données sont prêtes. Sur le prochain coup d'horloge (XCLK), les deux groupes de 18 bits sont déplacés aux sorties SOUTA et SOUTB avec le MSB en tête. La longueur des mots que C30 peut recevoir et transmettre est programmée à 24bits. Après la réception de 24bits le port série 0 du C30 génère une interruption. L'horloge de 8MHz qui synchronise la réception et la transmission est fournie par le pin CLKX0 de C30 programmé ainsi.

Une conversion D/A est initialisée par une écriture dans le registre DXR du port série 0. Quelques cycles d'horloge après (il s'agit de l'horloge interne H1/H3 du C30), le signal de synchronisation FSX0 est activé et la communication commence. La transmission sur le port série 1 est déclenchée simultanément par le FSX1 configuré en entrée. Les données sont transmises sur DX0 et DX1 avec le MSB d'abord et enregistrées dans le PCM1700 sur le front montant de l'horloge (CLOCK). FSX0 est active en haut sur toute la période de transmission et à la fin, sur le front descendant, les données reçues dans les registres série sont transférées dans les registres D/A.

Pour accomplir toutes ces fonctions, les registres du port série et du timer sont programmés ainsi :

```
Serial 0 port global-control register                      0E283144h
Serial 1 port global-control register                      0C283100h
Serial 0 and 1 FSX/DX/CLKX port-control registers          00000111h
Serial 0 and 1 FSR/DR/CLKR port-control registers          00000111h
Serial 0 receive/transmit timer-control register           0000000Fh
Serial 1 receive/transmit timer-control register           00000007h
Serial 0 and 1 timer period registers                      00000000h
Timer 0 global-control register                            000006C1h
```

## 3.5 Le générateur de sinus

L'objectif du générateur de sinus est de fournir une tension sinusoïdale de petite amplitude programmable, à fréquence également programmable, qui doit servir dans les mesures de spectroscopie d'impédance.

### 3.5.1 Description

La solution adoptée pour générer cette tension sinusoïdale est de se servir des facilitées offertes par deux circuits: HSP45102, oscillateur contrôlé en numérique (NCO) de 12bits et HI5735, convertisseur numérique analogique de haute vitesse, fabriqués par Intersil (ancien Harris). Les interconnexions nécessaires sont indiquées dans la Figure 31. Le circuit HSP45102 génère une sinusoïde numérique de 12bits dont la fréquence est contrôlée numériquement par le processeur

C30 via le registre SINGEN. A chaque coup d'horloge de 20MHz, le NCO transmet un échantillon numérique vers le convertisseur D/A qui le transforme en courant. Cet échantillon fait partie de la série des valeurs numériques qui compose la sinusoïde.

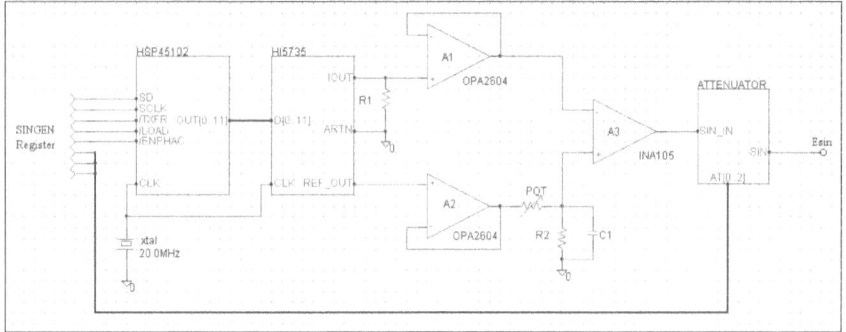

*Figure 31 Schéma du générateur de sinus*

HI5735 enregistre les données sur le front montant de l'horloge de 20MHz. Sur le même front le HSP45102 génère un nouveau code, ce qui signifie qu'un retard d'une période d'horloge existe entre la génération d'un code et sa transformation en courant.

Le courant généré par HI5735 est transformé en tension par la résistance R1. Ce schéma de conversion courant – tension est une application typique pour le circuit HI5735. La tension sur R1 varie entre 0 et –1V. Pour obtenir une tension sinusoïdale avec une valeur moyenne nulle il est nécessaire de soustraire une tension de -0.5V. On fabrique cette tension de décalage en atténuant la tension de –1.23V à la sortie REF_OUT de HI5735.

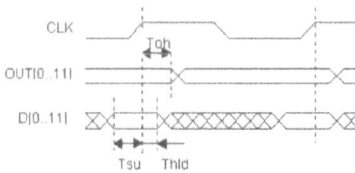

$$Tsu = 1T_{CLK}-Toh(max) = 35ns > 3ns$$
$$Thld = Toh(min) = 2ns > 0.5ns$$

*Figure 32 Timing de communication HSP45102 – H5735*

L'amplificateur unitaire de différence A3 fait ensuite la soustraction. Le signal bipolaire ainsi obtenu, avec une amplitude de 500mV, est soumis à une atténuation programmable sur un réseau de résistances. Finalement, sept amplitudes sont disponibles : 35mV, 30mV, 25mV, 20mV, 15mV, 10mV et 5mV. Il est très important que la tension sinusoïdale soit parfaitement axée sur zéro avant d'être atténuée car, autrement, l'offset à la sortie prend des valeurs différentes en fonction du facteur d'atténuation choisi.

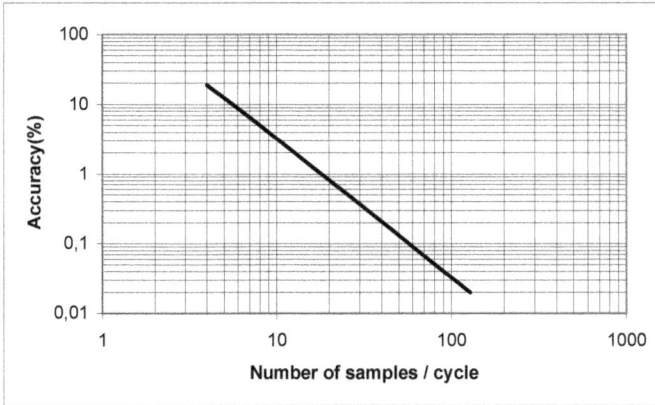

*Figure 33 L'erreur relative sur la reconstruction d'une sinusoïde*
*en fonction du nombre d' échantillons par période*

La fréquence du sinus est donnée par la formule $F = N \times F_{CLK} / 2^{32}$, où N est un mot programmable de 32bits et $F_{CLK} = 20.0$MHz. Dans le Tableau 7 sont donnés quelques exemples de programmation.

*Tableau 7 Programmation de la fréquence du sinus*

| | |
|---|---|
| N=1h | $F_{MIN}=0.005$Hz |
| N=400000h | $F_{1024}=19531$Hz (1024 échantillons / période) |
| N=2000000h | $F_{128}=156250$Hz (128 échantillons / période) |

On remarque que, au fur et à mesure qu'on augmente la fréquence de la sinusoïde, le nombre d'échantillons par période diminue et, en conséquence, la précision sur la reconstruction du sinus diminue (le sinus prend un « aspect » de plus en plus numérique). Une analyse comparative sur la précision de la reconstruction a été effectuée en LabVIEW. Dans la Figure 33 est tracée l'erreur relative qui ressort de la différence entre la puissance spectrale d'une sinusoïde « idéale » (composé par 8192 échantillons) et d'une sinusoïde de même fréquence mais qui comporte beaucoup moins d'échantillons : de 4 à 128. On voit que la qualité de la sinusoïde est relativement correcte pour un nombre d'échantillons supérieur à 100.

## 3.6  Le contrôle numérique

L'architecture numérique de l'instrument est développée autour du circuit TMS320C30 qui fait partie de la famille des processeurs DSP en virgule flottante de Texas Instruments. Le contrôle de la cellule électrochimique et la communication avec l'ordinateur sont gérés à tout moment par un logiciel pilote qui s'exécute dans la mémoire du DSP.

## 3.6.1  Pourquoi un DSP ?

L'introduction d'un circuit DSP dans un instrument de mesure électrochimique est la clé de notre projet car il permet de transformer un système de mesure en un système de mesure et de contrôle. Par rapport aux instruments électrochimiques classiques où la sortie est en général une fonction des entrées et des caractéristiques du système à mesurer (Figure 34.a), pour cet instrument la sortie peut dépendre en plus de la sortie au moment précédent (Figure 34.b). En d'autres termes l'instrument peut tenir compte de l'évolution du système et peut prendre des décisions au cours de la mesure, en temps réel.

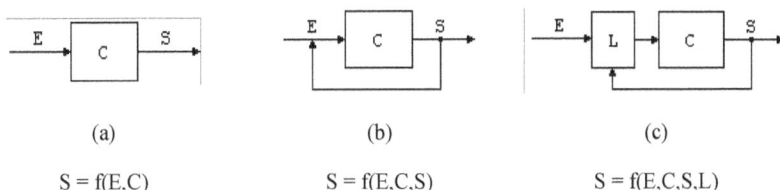

|       (a)       |       (b)       |        (c)        |
| $S = f(E,C)$    | $S = f(E,C,S)$  | $S = f(E,C,S,L)$  |

*Figure 34 Passage d'un système de mesure (a) à un système de mesure et de contrôle (b), (c).*

Ces décisions peuvent servir par exemple à modifier le potentiel au cours de la mesure dans le sens de la correction de la chute ohmique, à arrêter le processus si la sortie atteint une certaine valeur limite, où tout simplement à changer la gamme de courant ou de tension en vue d'avoir une meilleure résolution. Toutes ces décisions sont prises au niveau logiciel L qui pilote le fonctionnement de l'instrument (Figure 34.c). Du fait que les fonctions de l'instrument sont transférées du circuit électronique au logiciel on obtient une meilleure maîtrise du système et un gain de flexibilité sans dégradation de la vitesse. Le circuit DSP a une horloge de 32MHz, ce qui fait que pour une expérience qui se déroule à la vitesse maximale d'échantillonnage (un prélèvement du courant et de la tension toutes les 5µs), le processeur peut exécuter, pendant deux mesures consécutives, environ 160 opérations en virgule flottante soit 80 instructions. C'est l'espace disponible pour les algorithmes de mesure et de contrôle en temps réel.

### 3.6.1.1 Courte description du TMS320C30

Le circuit TMS320C30 est un processeur en 32 bits avec une architecture interne de haute performance qui lui permet d'exécuter des fonctions système ou mathématiques à une vitesse de 16 millions d' instructions par seconde (MIPS).

Le TMS320C30 exécute des multiplications et d'autres opérations arithmétiques ou logiques sur des variables entières ou en virgule flottante dans un seul cycle. Il dispose d'un espace de mémoire adressable de 16M mots de 32bits sur le bus primaire et d'un espace I/O sur le bus d'expansion de 8K mots de 32bits. Il intègre deux blocs de mémoire interne avec double accès de 1Kx32bits, deux ports série, deux horloges programmables, un coprocesseur d'accès direct à la mémoire (DMA), huit registres de précision étendue et deux générateurs d'adresses avec huit registres auxiliaires.

## 3.6.2 Les périphériques du DSP

Dans la Figure 35 est présentée l'architecture numérique de la carte avec une unité centrale : le DSP, et ses six périphériques : EPROM, SRAM, DRAM, DPSRAM, I/O et AD/DA. Sur le bus primaire le DSP communique avec les mémoires EPROM, SRAM et DRAM. L'espace adressable utilisé est de 64K pour l'EPROM, 64K pour la SRAM et de 1 à 4M pour la DRAM. Lorsque le DSP fait des accès en écriture ou en lecture sur le bus primaire il active le signal /STRB. Sur le bus d'expansion le DSP communique avec la mémoire double port et avec les registres qui contrôlent le fonctionnement hardware de l'instrument. L'espace adressable disponible sur le bus d'expansion est de 8K (13 lignes d'adresses) situé entre 804000h et 805FFFh. Lorsque le DSP fait des accès en écriture ou en lecture dans cet espace, il active le signal /IOSTRB. L'espace nécessaire à la mémoire double port est de 4K (12 lignes d'adresses) et celui nécessaire aux registres est de 5 (3 lignes d'adresses).

### 3.6.2.1 La mémoire EPROM

Dans la mémoire EPROM est stocké le code de démarrage (boot) qui, à la mise sous tension, fait l'initialisation de l'instrument et se met ensuite en attente du chargement et du démarrage du logiciel transmis par le PC. Le DSP exécute le code de démarrage soit à la mise sous tension, soit chaque fois qu'une initialisation est demandée par soft (voir la description du bit SRESET dans le registre de contrôle Annexe A).

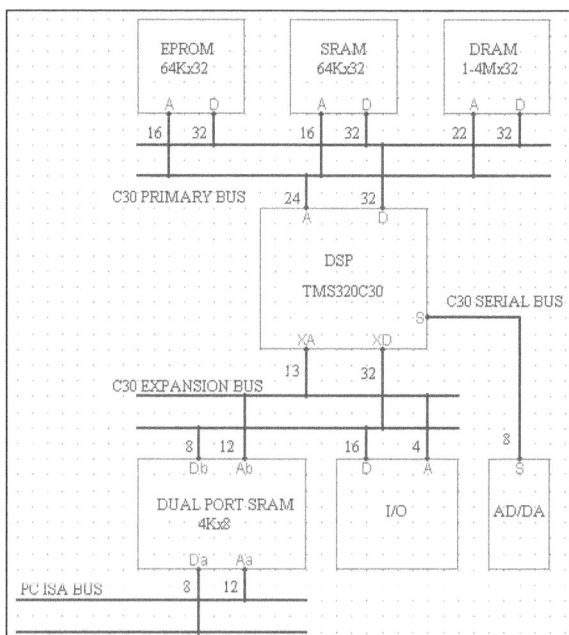

*Figure 35 Architecture numérique de l'instrument*

L'adresse de départ du code de démarrage est stockée dans le vecteur de reset qui se trouve à l'adresse 0. Le DSP trouve le vecteur de reset ainsi que le code de démarrage dans la mémoire EPROM qui occupe à ce moment la zone adressable de 0 à FFFFh (Figure 36).

Une fois que le démarrage est fait les mémoires EPROM et SRAM échangent leurs espaces d'adresses pour permettre la modification des vecteurs d'interruption qui se trouvent dans la zone 0 et 03Fh. Cette permutation est contrôlée par le bit SWAP du registre de contrôle.

L'interface avec les deux EPROMs de 64Kx16 est relativement simple : un bus de données de 32b, un bus d'adresses de 16b avec des résistances de 33Ω en série pour atténuer les réflexions et un PAL pour le décodage d'adresses. Dans le PAL est construit aussi un automate Moore asynchrone à trois états qui génère le signal « ready » deux cycles après le début de l'accès.

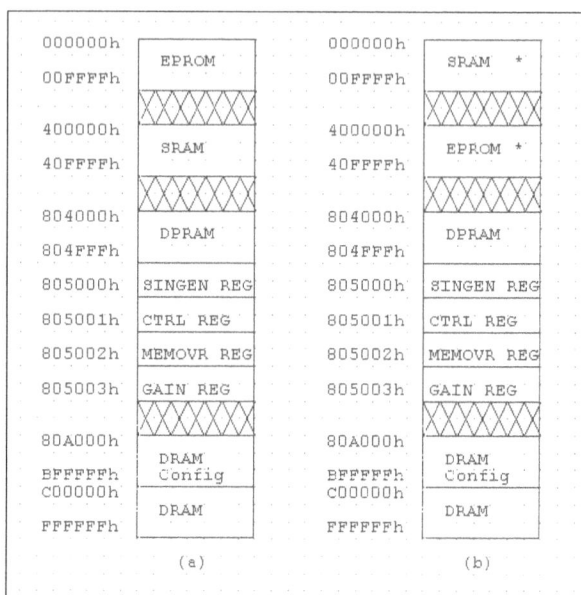

*Figure 36 Attributions des adresses (a) avant boot ; (b) après boot*

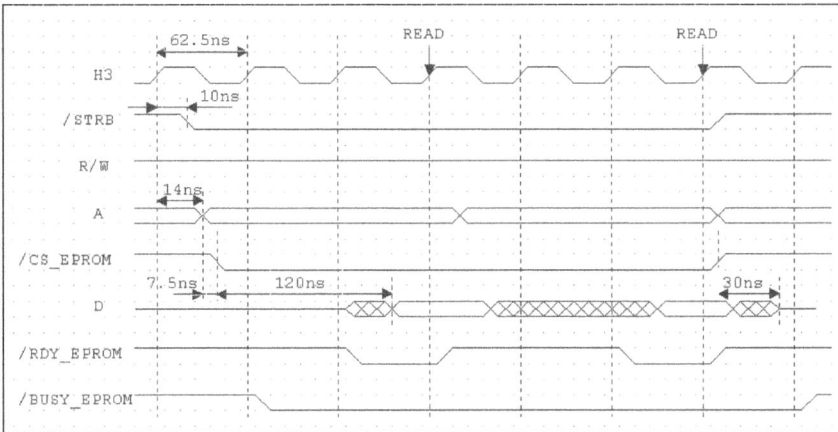

*Figure 37 Cycle de READ – READ dans la mémoire EPROM*

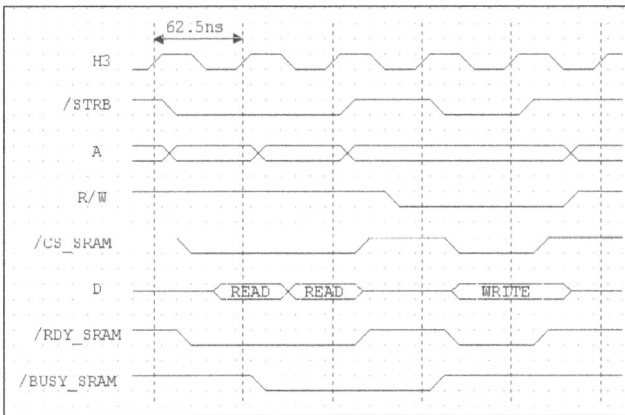

*Figure 38 Cycle de READ – READ – WRITE dans la mémoire SRAM*

### 3.6.2.2 La mémoire SRAM

La mémoire SRAM, constituée de deux circuits de 64Kx16 au temps d'accès très rapide, est la mémoire principale du DSP où résident le code de contrôle temps réel et les données. L'interface avec le DSP est similaire à l'interface EPROM avec la seule différence que le signal de « chip select » est également signal de « ready », puisque les accès se font dans un seul cycle. Au démarrage la SRAM occupe la zone de mémoire de 400000h à 40FFFFh mais, ultérieurement, elle échange les locations d'adresses avec l'EPROM de 0 à FFFFh.

### 3.6.2.3 La mémoire DRAM

Pour s'affranchir des latences spécifiques aux systèmes d'opération genre Windows qui peuvent limiter la vitesse de transfert des données, nous avons prévu la possibilité de rajouter une mémoire DRAM sous la forme de barrettes SIMM. La DRAM est moins rapide que la SRAM mais elle peut stocker de grands volumes de données : 1 à 4M mots de 32bits. L'interface avec le DSP se fait par un circuit spécial, un contrôleur de mémoire dynamique, le circuit DP8440.

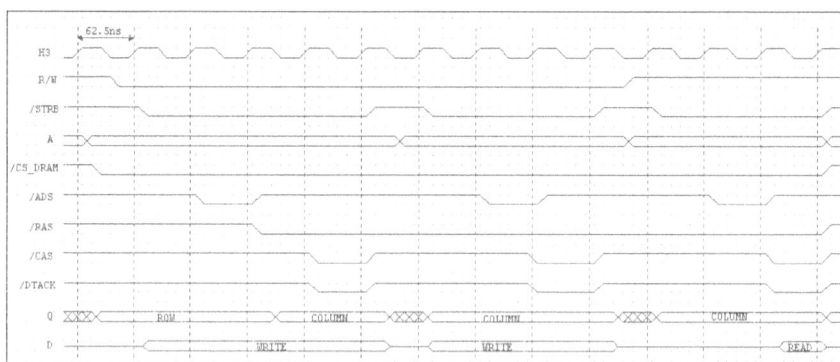

*Figure 39 Cycle de WRITE (open page) – WRITE (page) – READ (page)*
*dans la mémoire DRAM*

### 3.6.2.4 Les conflits d'accès sur le bus des données

Les conflits d'accès peuvent apparaître si deux ou plusieurs circuits prennent le contrôle du bus en même temps. Le Tableau 8 résume les temps d'obtention et de libération du bus des données. Une superposition de ce type peut apparaître par exemple lors d'une lecture dans la EPROM suivi d'une lecture dans la mémoire SRAM. Pour éviter ces conflits nous avons mis en place un arbitre de bus à l'intérieur d'un circuit PAL, qui génère pour chaque mémoire un signal « busy ». Ce signal est actif pendant un accès de lecture et reste actif durant un cycle de bus supplémentaire à la fin de l'accès. Tant qu'une mémoire est « occupée » les autres mémoires ne peuvent pas êtres actives sur le bus.

*Tableau 8 Les temps de gain et de libération du bus des données*

| Accès au bus | GAIN (ns) | | LIBERATION (ns) | |
|---|---|---|---|---|
| | Min | Max | Min | Max |
| EPROM | 0 | 142 | 0 | 48 |
| SRAM | 0 | 42 | 0 | 27 |
| DRAM | 125 | 158.5 | 3 | 35.5 |

Pour la mémoire SRAM par exemple, le « chip select » et le signal « busy » sont donnés par les équations logiques suivantes en langage CUPL :

```
NCS_SRAM = !(((!A23 &  A22 & !SWAP & !NSTRB & NBUSY_DRAM & NBUSY_EPROM)
          # (!A23 & !A22 &  SWAP & !NSTRB & NBUSY_DRAM & NBUSY_EPROM));

NBUSY_SRAM.D  = !(!NCS_SRAM & R_W);
```

### 3.6.2.5  La mémoire double port

La mémoire double port est utilisée comme portail de communication avec l'ordinateur. Avec une taille de 4K-octets elle se trouve du côté DSP sur le bus d'extension dans la plage d'adresses de 804000h à 805FFFh. Du côté PC elle occupe 4K-octets dans la zone de mémoire de 0 à FFFFFh à partir d'une adresse de base qui se programme de telle manière qu'il n'y ait pas de conflits avec les autres périphériques du PC.

La mémoire double port est organisée en deux parties : une partie de contrôle, qui occupe les premières 5 adresses et sert à la coordination du flux des données, et une partie de données qui occupe le reste de la mémoire (Figure 40). Le PC et le DSP utilisent un système à sémaphore pour obtenir l'accès à la partie de contrôle.

La communication est basée sur le principe de maître - esclave avec le PC comme maître et le DSP comme esclave. Après le boot le DSP rentre dans une boucle infinie et vérifie à chaque passage dans cette boucle si le PC a déposé une commande. S'il trouve une commande il l'exécute, envoie une confirmation au PC et continue la boucle.

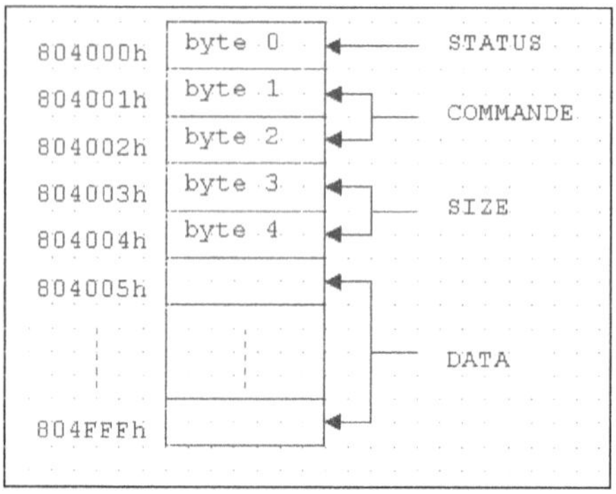

*Figure 40 L'organisation de la mémoire double port*

Description de la structure de contrôle :

- STATUS indique l'état de la mémoire double port et peut prendre les valeurs suivantes : 0 – pas de commande, 1 – le PC a pris le contrôle de la partie des données, 2 – le PC a déposé une commande, 3 – le DSP a pris le contrôle de la partie des données, 4 – le DSP a fini l'exécution de la commande.

- COMMANDE contient un code sur 16 bits qui correspond à une fonction prédéfinie qui doit être exécutée par le DSP.

- SIZE informe sur la taille en octets des données écrites.

# 4 APPLICATION AUX TECHNIQUES ÉLECTROCHIMIQUES

## 4.1 Méthode d'impédance

### 4.1.1 Description de la méthode par transformé Fourier

Le calcul d'impédance se fait à l'aide de la transformée de Fourier discrète (TFD) appliquée aux séquences numériques $e[n]$ et $i[n]$ qui contient les échantillons de tension respectivement de courant, enregistrés simultanément à des intervalles équidistantes de temps. L'expression générale de la TFD à la fréquence du spectre discret $f_m$ pour une séquence $x[n]$ est:

$$X[f_m] = \Delta T \sum_{n=0}^{N_p-1} x[n] \exp(-2\pi j f_m n \Delta T) \qquad m = 0..N_p/2 \qquad (19)$$

où $N_p$ est le nombre de points et $\Delta T$ est le temps d'échantillonnage.

L'impédance peut se définir comme le rapport des transformées de Fourier de tension et de courant:

$$Z[f_m] = \frac{E[f_m]}{I[f_m]} \qquad (20)$$

A partir de cette équation, plusieurs méthodes de mesure d'impédance sont décrites dans la littérature ([12], [15], [33], [34]) qui diffèrent principalement par le type du signal d'excitation : sinusoïdal, multi-sinus, bruit blanc etc. La méthode du signal sinusoïdal que nous avons choisie a, d'après certains auteurs ([13]), l'avantage d'être plus précise. Cette méthode consiste à imposer une régulation sinusoïdale de la cellule électrochimique avec un signal de petite amplitude et de fréquence programmable et d'enregistrer la réponse de la cellule en courant et en tension. Le rapport des transformées de Fourier donnera la valeur de l'impédance de la cellule à la fréquence du sinus. Le spectre des fréquences est balayé en changeant la fréquence du sinus.

Parce que les enregistrements se font dans une fenêtre de temps finie, une des conditions pour que le calcul de l'impédance se fasse avec la meilleure précision est de faire en sorte que la fréquence du sinus coïncide avec une des fréquences du spectre discret. Pour cela on est limité d'une part par la résolution du générateur de sinus et d'autre part par la résolution du générateur de la fréquence d'échantillonnage.

## 4.1.2 Calcul de la fréquence du sinus et de la fréquence d'échantillonnage

Pour expliquer comment les limites de résolution numérique influent sur la précision de la mesure, examinons les étapes à suivre pour faire une mesure d'impédance. Prenons par exemple une fréquence quelconque $f$ où l'on souhaite connaître l'impédance $Z(f)$. La fréquence de sortie du générateur de sinus se programme, comme défini dans le chapitre anterieur, avec un mot $N_S$ de 32bits calculé comme l'entier le plus proche du rapport :

$$N_S = \left\lceil \frac{f \cdot 2^{32}}{F_{CLK}^S} \right\rceil \tag{21}$$

où $F_{CLK}^S$ est la fréquence de l'horloge du générateur, de 20.0MHz.

Déjà, la fréquence qu'on aura programmée sera légèrement différente de la fréquence voulue $f$ sauf si le rapport dans l'équation ( 21 ) se trouve être un nombre entier. Cette différence, qui au maximum peut attendre ±2.3mHz, est tout à fait acceptable dans la pratique (peut être moins satisfaisante vers les très basses fréquences).

Quelle sera la fréquence d'échantillonnage ? On sait que le rapport entre la fréquence d'échantillonnage $f_E$ et le nombre de points $N_P$ donne la résolution du spectre discret où les fréquences $f_m$ sont des multiples entiers de cette résolution :

$$f_m = m \cdot \frac{f_E}{N_P} \tag{22}$$

Dans cette dernière équation $m$ exprime aussi le nombre de cycles (périodes) du signal de fréquence $f_m$. En conséquence, pour que la condition de calage des fréquences soit satisfaite, il faut enregistrer un nombre entier de cycles.

Comme le nombre de points est lié au rapport signal sur bruit et le nombre de cycles est généralement limité en basses fréquences pour des raisons de temps, on va considérer que $m$ et $N_P$ sont fixés d'avance. En posant la condition d'égalité $f = f_m$ et en mettant le nombre de cycles $N_C$ à la place de $m$, on retrouve :

$$f_E = \frac{f \cdot N_P}{N_C} \qquad (23)$$

La fréquence d'échantillonnage est fournie par un des deux diviseurs d'horloge programmables du DSP (timer no. 0) qui reçoit en entrée une fréquence $F_{CLK}^S$ de 16MHz. Ce timer est programmé avec un nombre entier $N_E$ de 32bits, calculé comme l'entier le plus proche du rapport:

$$N_E = \left[ \frac{F_{CLK}^E}{f_E} \right] = \left[ \frac{F_{CLK}^E}{f} \cdot \frac{N_C}{N_P} \right] \qquad (24)$$

A partir de cette équation on obtiendra une fréquence du spectre qui s'écartera plus ou moins de la fréquence voulue $f$.

On peut parler ici, ainsi que dans le cas du générateur de sinus, d'une incertitude fréquentielle dans la programmation d'une fréquence voulue, qui n'est rien d'autre qu'une projection sur la dimension fréquence de la résolution numérique des mots de programmation. Pour mettre en évidence les effets de ces incertitudes fréquentielles, on va exprimer la fréquence $f$ où l'on souhaite connaître l'impédance, de deux manières : d'une part par rapport à la fréquence qu'on peut programmer avec le générateur de sinus, équation ( 21 ), et d'autre part par rapport à la fréquence qu'on peut programmer avec le timer, équation ( 24 ) :

$$f = \frac{N_S \cdot F_{CLK}^S}{2^{32}} \qquad (25)$$

$$f = \frac{F_{CLK}^E}{N_E} \cdot \frac{N_C}{N_P} \qquad (26)$$

L'incertitude fréquentielle s'exprime comme la valeur absolue de la dérivée de la fréquence par rapport au mot de programmation :

$$I_S = \left| \frac{\partial f}{\partial N_S} \right| = \frac{F_{CLK}^S}{2^{32}} \qquad (27)$$

$$I_E = \left| \frac{\partial f}{\partial N_E} \right| = \frac{F_{CLK}^E}{N_E^2} \cdot \frac{N_C}{N_P} = f^2 \cdot \frac{N_P}{N_C F_{CLK}^E} \qquad (28)$$

A partir des équations ( 27 ) et ( 28 ) on peut définir des incertitudes fréquentielles relatives :

$$I_S^R = \frac{I_S}{f} = \frac{1}{f} \cdot \frac{F_{CLK}^S}{2^{32}} \qquad (29)$$

$$I_E^R = \frac{I_E}{f} = f \cdot \frac{N_P}{N_C F_{CLK}^E} \qquad (30)$$

On remarque que, dans la programmation du sinus, l'incertitude relative $I_S^R$ est inversement proportionnelle à la fréquence, ce qui fait qu'elle sera plus élevée en basses fréquences et diminuera au fur et à mesure que la fréquence augmente.

Inversement, l'incertitude relative $I_E^R$ dans la programmation de la fréquence du spectre qui est directement liée à la fréquence d'échantillonnage par l'équation ( 22 ), est élevée en hautes fréquences et diminue vers les basses fréquences.

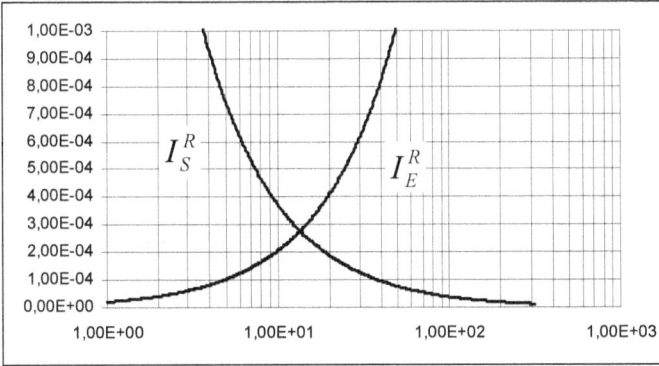

*Figure 41 Les incertitudes relatives dans la programmation des fréquences*

*pour $N_P = 2048$, $N_C = 5$ on trouve $f_C = 13.49Hz$*

La fréquence où les deux incertitudes relatives sont identiques est définie comme une fréquence critique $f_C$ :

$$I_S^R = I_E^R \Rightarrow f_C = \frac{\sqrt{F_{CLK}^E F_{CLK}^S}}{2^{16}} \cdot \sqrt{\frac{N_C}{N_P}} \tag{31}$$

Cette fréquence critique veut exprimer le fait que pour les fréquences inférieures à celle-ci on a intérêt à adapter la fréquence d'échantillonnage pour qu'une composante du spectre discret se cale sur la fréquence du sinus, et que, pour les fréquences supérieures à $f_C$, on a plutôt intérêt à adapter la fréquence du sinus pour que celle-ci se cale sur une fréquence du spectre discret.

## 4.1.3 Résultats

Nous avons vérifié la mesure d'impédance avec une électrode tournante de platine sur un système redox réversible de $K_3[Fe(CN)_6]/K_4[Fe(CN)_6]$ en concentration $10^{-2}$ M dans une solution aqueuse en présence de $KCl$ comme électrolyte support en concentration 1M. Les mesures ont été effectuées par rapport à une électrode de référence au calomel saturé (SCE) à une température de 25°C.

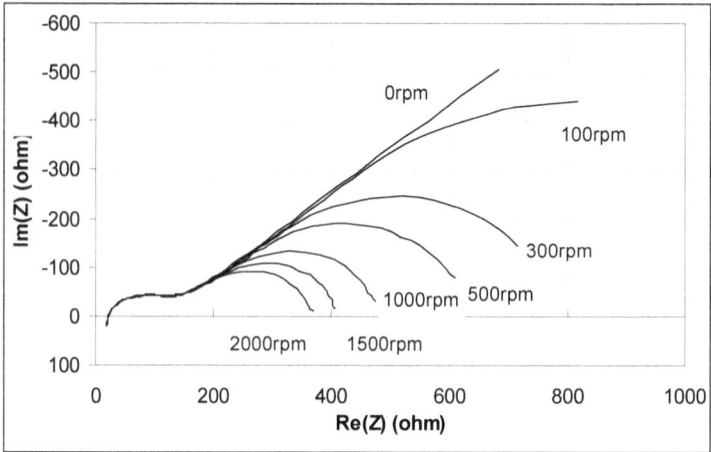

Figure 42 Mesures d'impédance sur $K_3[Fe(CN)_6]/K_4[Fe(CN)_6]$ avec une électrode tournante à plusieurs vitesses de rotation

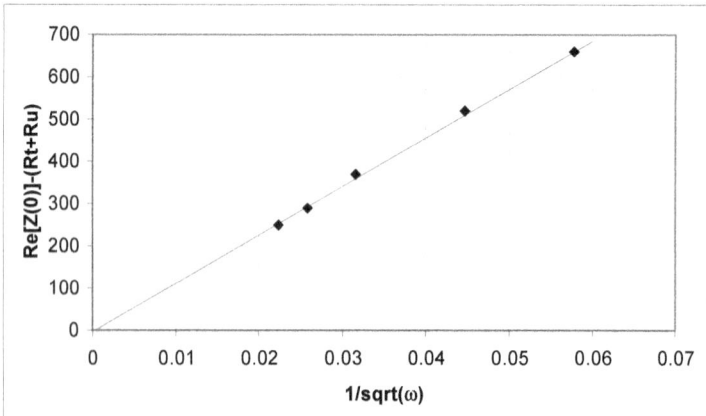

Figure 43 Variation de l'épaisseur de la couche de diffusion en fonction de la racine carrée de l'inverse de la vitesse de rotation

Plusieurs courbes ont été enregistrées autour du potentiel d'équilibre (Figure 42) à plusieurs vitesses de rotation pour une gamme de fréquences de 0.1Hz à 65KHz et une amplitude de 5mV. On remarque la droite à 45° pour la courbe sans convection ce qui correspond à une impédance Warburg dans des conditions de diffusion linéaire semi-infinie.

Dans la Figure 43 nous avons vérifié la linéarité de l'impédance électrochimique à fréquence zéro obtenue par extrapolation, en fonction des vitesses de rotation entre 300rpm et 2000rpm.

Effectivement, dans le cas d'un système redox comme :

$$O + ne^{-} \underset{k_{O}}{\overset{k_{R}}{\Leftrightarrow}} R \qquad (32)$$

En tenant compte de la résistance de la solution et de l'expression de l'impédance électrochimique à très basses fréquences on déduit :

$$Z = R_{u} + R_{t} + \frac{R_{t}K_{O}\delta_{R}}{D_{R}} + \frac{R_{t}K_{R}\delta_{O}}{D_{O}} \qquad (33)$$

où $R_{u}$ est la résistance de la solution, $R_{t}$ la résistance de transfert de charge, $K_{O}$ et $K_{R}$ représentent les valeurs stationnaires des constantes de vitesse de réaction, $D_{O}$ et $D_{R}$ sont les constantes de diffusion et $\delta_{O}$ et $\delta_{R}$ les épaisseurs des couches de diffusion.

En tenant compte de l'équation [53] de l'épaisseur de couche en fonction de la vitesse de rotation :

$$\delta = \frac{1.61D^{1/3}v^{1/6}}{\sqrt{\varpi}} \qquad (34)$$

On en déduit :

$$Z - (R_{u} + R_{t}) = \frac{cte}{\sqrt{\varpi}} \qquad (35)$$

A partir des courbes de la Figure 42 en extrapolant le demi-cercle de haute fréquence on trouve $R_{u} + R_{t} = 120\Omega$. Les valeurs de $Z$ à fréquence zéro sont obtenues à l'intersection des extrapolations des demi-cercles de basse fréquence avec l'axe des réels.

Une autre mesure comparative à été effectué sur une cellule d'étalonnage fourni avec l'analyseur d'impédance Solartron M1255. Nous avons comparé les courbes d'impédance obtenues avec notre instrument et l'analyseur Solartron connecté à un potentiostat PAR M273.

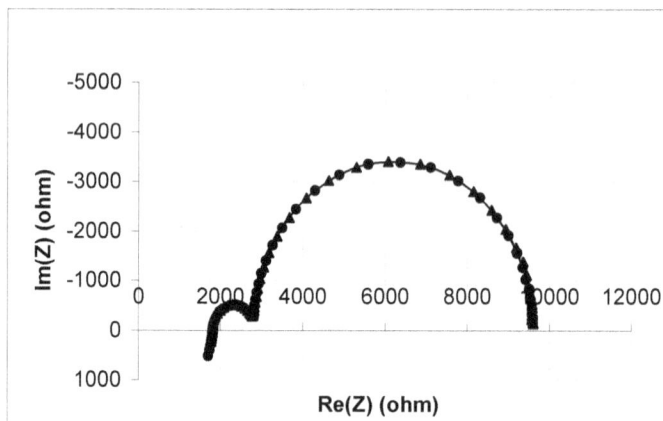

*Figure 44 Comparaison des diagrammes Nyquist sur une cellule d'essai avec notre instrument et avec un analyseur d'impédance Solartron M1255 connecté a un potentiostat PAR M273. Gamme des fréquences de 0.1Hz à 65KHz, amplitude 20mV*

Le résultat confirme une très bonne similitude entre les deux courbes (Figure 44). Toutefois, on remarque, dans la partie de haute fréquence des deux courbes, un comportement inductif qui n'est pas justifié par les éléments de la cellule. C'est plutôt un artefact lié aux capacités parasites [65] qui se trouvent sur l'entrée des électrodes de référence et en parallèle avec la résistance de mesure de courant.

## 4.2 Compensation de la chute ohmique

### 4.2.1 Méthodes

Comme le chapitre de bibliographie le montre, un grand effort de recherche à été consacré à la compensation de la résistance $R_u$ de la solution. Cette résistance, qui se trouve entre la surface de l'électrode de référence et la surface de l'électrode de travail, introduit pour des courants différents de zéro, un décalage entre la tension contrôlée et la tension réelle sur l'interface électrochimique étudiée. L'effet de la chute ohmique est particulièrement limitatif dans les études de cinétique rapide qui demandent un temps de contrôle et de mesure très court. Plusieurs techniques de correction se trouvent dans la littérature, connues comme des techniques de compensation de la chute ohmique ou de compensation iR. Parmi les plus utilisées sont la correction post-mesure, la méthode de correction par contre réaction positive et celle par interruption du courant. Une brève description de ces méthodes est donnée ci-dessous. Reprenons d'abord la représentation d'une cellule électrochimique à trois électrodes, avec une électrode de travail plane et uniforme qui, en contact avec la solution, forme une capacité de double couche $C_{dl}$ :

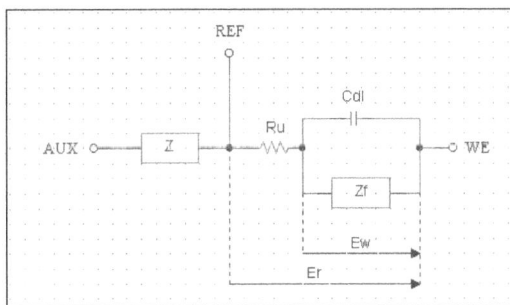

*Figure 45 Les impédances d'une cellule électrochimique simplifiée*

Le potentiel de contrôle $E_R$ est lié au potentiel sur l'interface électrochimique de l'électrode de travail $E_W$ par l'équation :

$$E_R = E_W + iR_u \qquad\qquad (36)$$

La méthode de correction post-mesure appliquée par exemple à une technique de voltammétrie cyclique, consisterait à retrouver $E_W$ en enlevant le produit $iR_u$ une fois le voltammogramme enregistré et la valeur de la résistance $R_u$ mesurée. D'un point de vue théorique cette correction n'est pas satisfaisante car le voltammogramme corrigé ne correspond pas à un balayage triangulaire du potentiel et donc le résultat ne peut pas être traité conformément aux théories développées pour la voltammétrie cyclique. De plus la résistance de la solution peut varier pendant l'expérience ce qui introduirait une erreur dans le produit $iR_u$.

La méthode de correction par contre-réaction positive consiste à réinjecter à l'entrée de l'amplificateur de contrôle une tension proportionnelle au courant obtenu comme réponse, qui se rajoute à la tension de contrôle $E_R$ et qui fait disparaître le facteur $iR_u$ dans l'équation ( 36 ). Cette méthode est basée sur une connaissance préalable de la résistance $R_u$. Une fois cette valeur connue, la fraction de tension réinjectée est réglée et le potentiostat fait la correction d'une manière continue. Différentes techniques, décrites dans le premier chapitre, ont été proposées pour l'évaluation de $R_u$. L'ajustement est fait à une valeur de $R_u$ supposée constante mais cette valeur peut changer au cours de l'expérience et, comme la contre-réaction positive diminue la stabilité du potentiostat, l'appareil peut manifester des oscillations de haute amplitude et haute fréquence, ce qui peut conduire à l'endommagement de la cellule.

La méthode d'interruption du courant est une méthode de correction dynamique. Le courant est périodiquement bloqué pour une courte période de temps et la mesure instantanée de $E_R$ détecte un saut de potentiel $\Delta E_R$ qui correspond à la chute ohmique $iR_u$. La fraction $\Delta E_R$ est ensuite réinjectée à l'entrée de l'amplificateur de contrôle et s'additionne à la tension $E_R$. Cette technique fonctionne sur le même principe que la contre-réaction positive sauf que la grandeur de correction $\Delta E_R$ est dynamiquement mesurée et les éventuelles variations de la résistance de la solution sont prises en compte. Le fait que le courant ne puisse pas être instantanément amené à zéro et que des phénomènes transitoires apparaissent suite à cette commutation, font que la mesure du saut $\Delta E_R$ ne peut pas être faite à des temps très courts vu que les transitoires doivent se stabiliser. En conséquence la mesure sera affectée par la relaxation de la capacité de la double couche à travers l'impédance faradique.

## 4.2.2 La correction dynamique par transformée de Fourier

Nous proposons une nouvelle méthode de correction dynamique de la chute ohmique pour les techniques de voltammétrie en s'appuyant sur le calcul d'impédance par la transformée de Fourier discrète (TFD). Le principe, déjà évoqué par plusieurs auteurs ([14], [32]), est de superposer à la tension de contrôle une excitation sinusoïdale de fréquence suffisamment élevée pour que l'impédance de la capacité de la double couche soit très faible et donc pour que le processus faradique n'intervienne pas. A cette fréquence là, l'impédance entre l'électrode de travail et l'électrode de référence correspond à la résistance de la solution $R_u$. Gabrielli et al. [14] proposent la méthode de superposition dans l'étude des variations de potentiel des électrodes qui développent des bulles de gaz. Popkirov [32] utilise la superposition pour déterminer la résistance $R_u$ et fait la correction sur le principe de la contre-réaction positive mais ses mesures sont influencées par les variations rapides du courant qui introduisent une composante supplémentaire à la fréquence de l'excitation sinusoïdale.

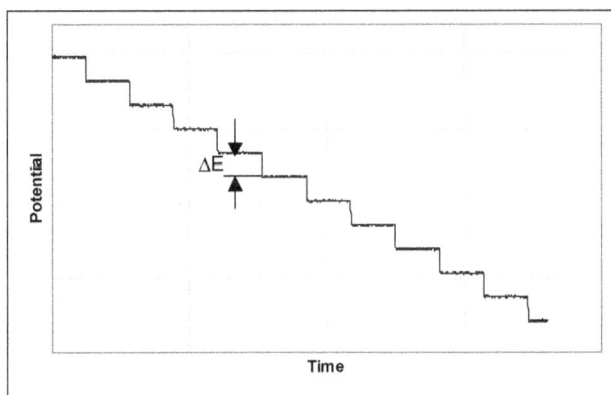

*Figure 46 Forme du potentiel de contrôle dans une technique numérique à balayage*

Avant d'expliquer notre démarche, rappelons tout d'abord que dans les systèmes numériques les techniques de balayage linéaire de potentiel sont en fait des techniques de saut de potentiel (staircase voltammetry) par la nature même des signaux. La Figure 46 montre un exemple de signal de balayage dans une technique de voltammétrie numérique.

Chaque saut de potentiel $\Delta E$ produit dans un premier temps un saut de courant $\Delta I$ suivi par une relaxation, comme le montre la Figure 47. La nature de cette relaxation a une origine capacitive avec une décroissance exponentielle et une origine faradique diffusionnelle qui produit généralement une décroissance inversement proportionnelle à la racine carrée du temps.

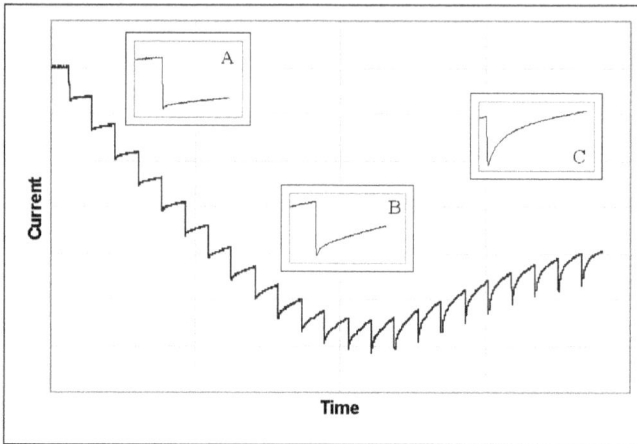

*Figure 47 Réponse en courant typique d'un système électrochimique*
*dans une technique numérique à balayage de potentiel*

Dans les instants qui suivent le saut, la différence de potentiel sur l'interface électrochimique augmente graduellement au fur et à mesure que la capacité de la double couche se charge. En présence des espèces électroactives, le courant faradique de nature cinétique change en raison de la variation du potentiel sur l'interface. Le potentiel sur l'interface continue à augmenter et le courant capacitif diminue exponentiellement avec une constante de temps imposée par la capacité de la double couche en parallèle avec la résistance de la solution et la résistance de transfert de charge.

Le courant cinétique est accompagné par une modification des concentrations des espèces à la surface de l'électrode par rapport aux concentrations de celles-ci en solution. Le gradient de concentration ainsi généré diminue avec le temps et commence à limiter le courant. En fait, au moment du saut, la capacité de la double couche se comporte comme un court-circuit sur l'impédance faradique. Effectivement, l'impédance équivalente du circuit est réduite à la résistance $R_u$ et certains auteurs [1] la calculent comme le rapport $\Delta E / \Delta I$. Toutefois, cette méthode est précise seulement à des amplitudes de sauts relativement élevées (10-25mV).

Supposons maintenant qu'on rajoute une tension sinusoïdale de haute fréquence $f$ et de faible amplitude à la tension de commande. Nous avons écrit un algorithme rapide basé sur la TFD qui permet de calculer la valeur de la résistance $R_u$ au cours de chaque palier de tension et d'appliquer une correction $iR_u$ sur l'amplitude du saut suivant. Si la fréquence est bien choisie conformément aux considérations exprimées auparavant, alors l'équation suivante permet d'obtenir $R_u$ :

$$R_u = |Z(f)| = \frac{|E|}{|I|} = \frac{\sqrt{\mathrm{Re}(E)^2 + \mathrm{Im}(E)^2}}{\sqrt{\mathrm{Re}(I)^2 + \mathrm{Im}(I)^2}} \qquad (37)$$

La partie réelle et la partie imaginaire du potentiel sont obtenues à partir de l'équation ( 19 ) :

$$\mathrm{Re}[E] = \Delta T \sum_{n=0}^{N_P-1} e[n]\cos(-2\pi f n \Delta T)$$

$$\mathrm{Im}[E] = \Delta T \sum_{n=0}^{N_P-1} e[n]\sin(-2\pi f n \Delta T) \qquad (38)$$

De la même manière on peut exprimer la partie réelle et la partie imaginaire du courant.

En réalité, un saut de potentiel est un signal riche en fréquences, ce qui fait que la relaxation du courant obtenu comme réponse contient une composante spectrale à la fréquence $f$ du sinus, ce qui peut entraîner, dans les cas ou cette composante est importante, un calcul erroné de la résistance $R_u$.

Dans la Figure 48 nous avons représenté des spectres d'amplitude du courant suite à un saut de potentiel sur plusieurs points du voltammogramme sans excitation sinusoïdale superposée. On remarque très bien que, si le spectre de la relaxation du courant au point A du voltammograme n'a pas de composantes à des fréquences élevées, ceci n'est pas le cas pour les spectres des relaxations aux points B et C.

Pour cette raison, dans le calcul du courant dans le plan de Laplace nous avons introduit une correction supplémentaire qui consiste à soustraire la composante spectrale du courant à la fréquence $f$ du sinus attribué à la relaxation.

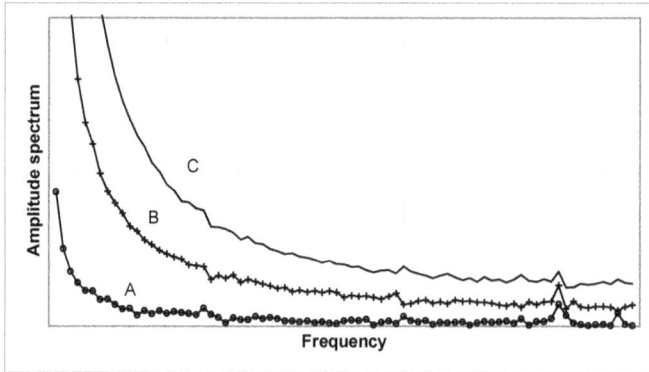

*Figure 48 Spectre d'amplitudes de la relaxation du courant pour différents points du voltammograme*

La grandeur de cette composante est estimée par interpolation linéaire (Figure 49) entre les composantes des fréquences voisines $f_{-1}$ et $f_{+1}$. Ainsi on sépare la réponse du système électrochimique à l'excitation sinusoïdale de la réponse au saut de potentiel. Les parties réelle et imaginaire du courant corrigé $I^*$ deviennent :

$$\text{Re}\left[I^*(f)\right] = \text{Re}\left[I(f)\right] - \frac{\text{Re}\left[I(f_{-1})\right] + \text{Re}\left[I(f_{+1})\right]}{2}$$

$$\text{Im}\left[I^*(f)\right] = \text{Im}\left[I(f)\right] - \frac{\text{Im}\left[I(f_{-1})\right] + \text{Im}\left[I(f_{+1})\right]}{2}$$

( 39 )

Avec les valeurs du courant corrigé on retrouve $R_u$ :

$$R_u = \frac{|E|}{|I^*|} = \frac{\sqrt{\mathrm{Re}(E)^2 + \mathrm{Im}(E)^2}}{\sqrt{\mathrm{Re}(I^*)^2 + \mathrm{Im}(I^*)^2}} \qquad (40)$$

Une fois l'amplitude du courant trouvée avec l'équation ( 39 ) la résistance $R_u$ se calcule avec l'équation ( 40 ) et la correction de la chute ohmique s'applique en rajoutant le produit $iR_u$ à l'amplitude du saut suivant.

## 4.2.3 Validité de l'interpolation

On se demande si l'interpolation linaire proposée pour calculer la composante spectrale à la fréquence du sinus du courant de relaxation après un saut de potentiel est acceptable ou si une autre méthode d'interpolation est nécessaire. Pour cela nous allons analyser la fonction de relaxation du courant dans le plan des fréquences.

Pour un modèle de cellule comme celui de la Figure 45, l'équation de la variation du courant, dans le plan de Laplace, après un saut de tension, dans des conditions de linéarité, causalité et invariabilité des paramètres, s'écrit selon :

$$\Delta I(s) = \frac{\Delta E}{R_u + Z_F}\left(\frac{1}{s} + \frac{Z_F}{R_u}\frac{1}{s + \frac{1}{\tau}}\right) \quad \text{où} \quad \tau = \frac{C_{dl} R_u Z_F}{R_u + Z_F} \qquad (41)$$

La transformation Laplace inverse donne l'équation de la variation du courant dans le domaine du temps :

$$\Delta I(t) = \frac{\Delta E}{R_u + Z_F}\left[1 + \frac{Z_F}{R_u}\exp\left(\frac{-t}{\tau}\right)\right] \qquad (42)$$

A $t = 0$ on retrouve $\Delta I = \Delta E/R_u$. L'impédance faradique $Z_F$ dépend bien entendu de la nature du processus électrochimique. Prenons par exemple un système électrochimique redox réversible décrit par la réaction :

$$O + ne^- \underset{k_O}{\overset{k_R}{\Longleftrightarrow}} R \qquad (43)$$

l'impédance faradique s'écrit selon :

$$Z_F(s) = R_t + Z_O + Z_R \qquad (44)$$

où $R_t$ est la résistance de transfert de charge :

$$R_t = \frac{1}{n^2 fF(\alpha_O K_O C_R + \alpha_R K_R C_O)} \qquad (45)$$

où $C_O$, $C_R$, $K_O$, $K_R$ représentent respectivement les valeurs stationnaires des concentrations à la surface de l'électrode, les constantes de vitesse de la réaction provoquée par la différence de potentiel stationnaire sur l'interface. $Z_O$ et $Z_R$ représentent les impédances de diffusion qui, dans l'hypothèse Warburg de diffusion semi-infinie et après la résolution des équations différentielles de diffusion et convection, s'écrivent :

$$Z_O = \frac{R_t K_O}{\sqrt{sD_R}} \ , \ Z_R = \frac{R_t K_R}{\sqrt{sD_O}} \qquad (46)$$

avec les notations : $K_O = k_O \exp[\alpha_O nfE]$, $K_R = k_R \exp[-\alpha_R nfE]$, $\alpha_O + \alpha_R = 1$, $f = \dfrac{F}{RT}$

Avec les nouvelles valeurs pour les impédances de diffusion, l'équation ( 44 ) devient :

$$Z_F(s) = R_t\left(1 + \frac{K_O}{\sqrt{sD_R}} + \frac{K_R}{\sqrt{sD_O}}\right) \qquad (47)$$

Si on introduit l'expression de $Z_F$ dans l'équation ( 41 ) on déduit

$$\Delta I(s) = \frac{\Delta E}{R_u \sqrt{s}} \cdot \frac{p_1 + \beta\sqrt{s} + s}{p_2\beta + (p_1 + p_2)\sqrt{s} + \beta s + s\sqrt{s}} \qquad (48)$$

avec les notations : $p_1 = \dfrac{1}{C_{dl} R_t}$ , $p_2 = \dfrac{1}{C_{dl} R_u}$ , $\beta = \dfrac{K_O}{\sqrt{D_R}} + \dfrac{K_R}{\sqrt{D_O}}$

A des fréquences très faibles ($s \to 0$) ce qui correspond à des temps très longs dans le domaine temporel, l'équation ( 48 ) se réduit à :

$$\Delta I(s) = \frac{\Delta E}{R_u} \cdot \frac{p_1}{p_2 \beta \sqrt{s}} = \frac{\Delta E \sqrt{D}}{R_t(K_O + K_R)\sqrt{s}} \qquad (49)$$

En passant par une transformation Laplace inverse, on retrouve une variation du courant inverse proportionnelle à la racine carrée du temps :

$$\Delta I(t) = \frac{\Delta E \sqrt{D}}{R_t(K_O + K_R)\sqrt{\pi}} \cdot \frac{1}{\sqrt{t}} \qquad (50)$$

A des fréquences élevées ($s \to 0$) l'effet de la diffusion peut être généralement négligé et l'impédance faradique se comporte comme une résistance de transfert pure. L'équation ( 48 ) devient :

$$\Delta I(s) = \frac{\Delta E}{R_u s} \cdot \frac{p_1 + s}{(p_1 + p_2) + s} \qquad (51)$$

En explicitant $s = j\omega$, on trouve la partie réelle et la partie imaginaire :

$$\mathrm{Re}[\Delta I(\omega)] = \frac{\Delta E}{R_u} \cdot \frac{p_2}{\omega^2 + (p_1 + p_2)^2}$$

$$\mathrm{Im}[\Delta I(\omega)] = \frac{\Delta E}{R_u} \cdot \frac{\omega^2 + p_1(p_1 + p_2)}{\omega^3 + \omega(p_1 + p_2)^2} \qquad (52)$$

En analysant les dérivées des équations ( 52 ), on peut démontrer que la partie réelle du courant est une fonction monotone pour toutes les fréquences positives réelles. La partie imaginaire est une fonction moins facile à analyser, la dérivée garde le même signe si la condition $p_2 < 4.82 p_1$ (équivalente à $R_t < 4.82 R_u$) est satisfaite ou, dans le cas contraire, a deux solutions. La solution d'ordre supérieur tend vers $p_2$ quand $p_2 \gg p_1$ tout en restant inférieur. Etant donné que l'équation ( 51 ) correspond à l'hypothèse des fréquences élevées on peut supposer que notre fréquence d'analyse se trouve déjà dans une partie monotone de la fonction qui représente le courant imaginaire (Figure 49). Ceci est un argument de plus pour choisir une fréquence élevée du sinus pour qu'elle soit éloignée du pic de la partie imaginaire du courant, ce qui pourrait autrement diminuer la précision de l'interpolation. Avec toutes ces considérations on peut donc conclure que les parties réelle et imaginaire sont des fonctions monotones dans la zone des hautes fréquences.

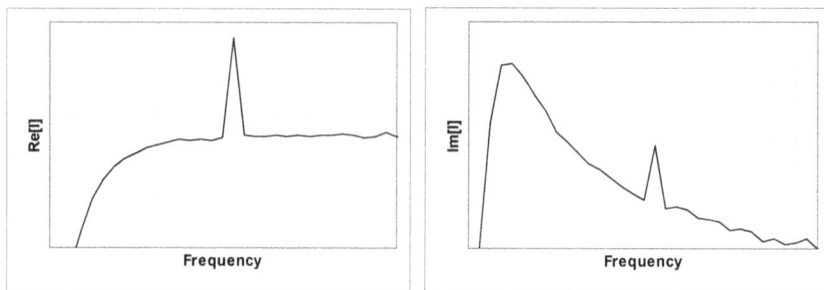

*Figure 49 Allure de la partie réelle et imaginaire de la relaxation du courant après un saut de potentiel en présence d'un sinus de haute fréquence. Simulation sur une cellule R-R//C*

Dans la réalité la variation du courant mesuré après un saut dans un point quelconque du voltammogramme n'est pas faite dans des conditions stationnaires et contient donc une information relative à l'évolution antérieure du système. Toutefois, en s'appuyant sur le principe de superposition, on peut extrapoler le phénomène de relaxation du courant après un premier saut, qu'on peut supposer dans des conditions stationnaires, à un deuxième saut en disant que la relaxation du courant après ce deuxième saut, calculée avec les nouvelles conditions de vitesse de transfert et de concentrations à la surface imposées par le nouveau potentiel, contient la relaxation du premier saut décalée dans le temps par la durée du saut. Par extension, la relaxation du courant après le saut $n$, dans le plan Laplace, est une somme des fonctions monotones et décroissantes et garde donc les mêmes propriétés.

## 4.2.4 Resultats

Nous avons testé cette méthode de correction dans le cas d'une technique de voltammétrie cyclique sur un système redox réversible $K_3[Fe(CN)_6]/K_4[Fe(CN)_6]$ en concentration $2\ 10^{-2}$ M dans une solution aqueuse en présence de $KNO_3$ comme électrolyte support en concentration

0.5M. L'électrode de travail en platine a été polie avec un produit de nettoyage diamanté, nettoyé aux ultrasons et rincé avec de l'éthanol et de l'eau. Comme électrode auxiliaire on a utilisé un fil de platine et comme électrode de référence une électrode au calomel saturé (SCE).L'échantillonnage à été fixé pour une fréquence de 100KHz et 32 points ont été acquis pour chaque palier de potentiel. L'excitation sinusoïdale a été programmée avec une amplitude de 5mV et à une fréquence de 25KHz. Les balayages ont été effectués à partir du potentiel d'abandon, avec une surtension dans le domaine cathodique de –500mV/SCE et en anodique de +500mV/SCE, sur 2 cycles. Plusieurs voltammogrames ont été enregistrés à différentes vitesses de balayage. La résistance de la solution obtenue par calcul est d'environ 20Ω. Tenant compte des erreurs inhérentes sur les mesures dues principalement au bruit et au nombre réduit des points (32) pris en compte dans le calcul, nous diminuons de 10% la valeur calculée de la résistance $R_u$ pour éviter les instabilités. Une condition nécessaire pour vérifier la réversibilité du système est que la courbe de l'amplitude du pic de cathodique $I_{pc}$ en fonction de la racine carrée de la vitesse de balayage soit une droite qui passe par l'origine.

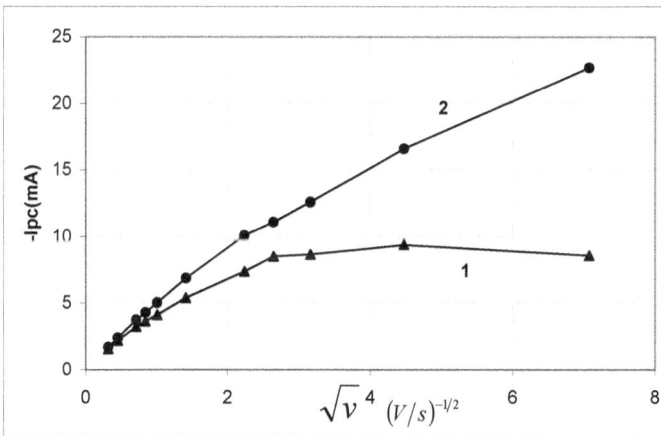

*Figure 50 Influence de la chute ohmique sur la linéarité des courbes $I_{pc}(\sqrt{v})$*

*1 : sans compensation, 2 : avec compensation*

Une comparaison des courbes $I_{pc}\left(\sqrt{v}\right)$ est présentée dans la Figure 50 avec ou sans compensation de la chute ohmique. Sur la courbe sans compensation, on remarque que le courant de pic a tendance à se limiter vers les vitesses élevées tandis que la courbe avec compensation est plutôt linéaire.

Sur la Figure 51 on note les différences d'écartement et d'amplitude des pics entre deux voltammogrames enregistrés sans ou avec compensation avec une vitesse de balayage de 1V/s. La courbe avec compensation est représentée avec le potentiel mesuré duquel on a soustrait le produit $iR_u$ pour retrouver le vrai potentiel sur l'interface électrochimique. Le balayage en potentiel en fonction du temps « vu » par l'interface électrochimique est représenté dans les deux cas dans la Figure 52. En conclusion, avec un compromis raisonnable entre la précision et la vitesse, en tenant compte des limitations imposées par la vitesse d'acquisition et le temps d'exécution de l'algorithme de correction, nous arrivons a compenser dynamiquement la chute ohmique à des intervalles de temps inférieurs à 0.5ms.

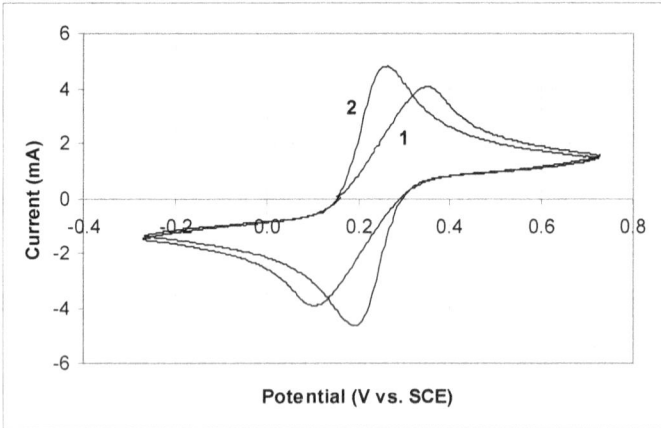

*Figure 51 Influence de la chute ohmique sur des voltammogrames à une vitesse de balayage de 1V/s ; 1 : sans compensation, 2 : avec compensation*

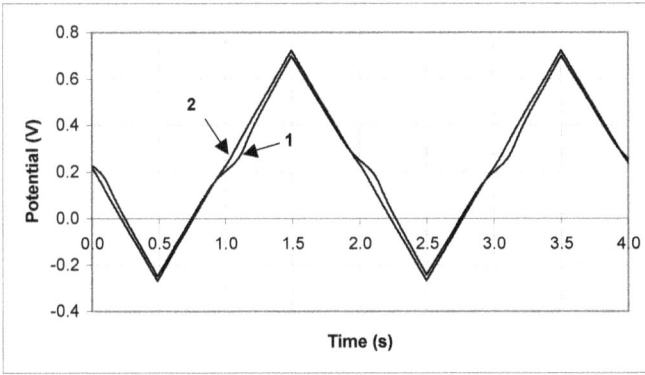

*Figure 52 Le potentiel vrai « vu » par l'interface électrochimique obtenu après la déduction de la chute ohmique du potentiel mesuré : (1) sans compensation ; (2) avec compensation*

## 4.3 La résolution et la capacité de mémoire

Comme on l'a vu précédemment, la nature numérique des signaux fait que les techniques de voltammétrie cyclique ou linéaire, les balayages en potentiel ne sont pas parfaitement lisses, en réalité ils sont un enchaînement de petits sauts. Plus petit est le saut mieux on se rapproche d'une rampe analogique. Dans ce but, nous employons un convertisseur numérique – analogique avec une résolution de 18 bits sur une gamme de ±3V, ce qui fait que le plus petit saut est de 23μV. Mais ce n'est pas seulement la résolution du convertisseur qui fixe l'amplitude du saut mais aussi les autres paramètres, imposés par l'utilisateur ou des paramètres intrinsèques de l'instrument: vitesse de balayage, limites de balayage, nombre de points. La technique utilisée en général pour la génération d'un signal est de construire d'abord son image dans la mémoire et d'envoyer, pendant la mesure, les échantillons vers un convertisseur numérique –analogique d'une manière successive. Une mémoire trop petite peut influer sur la qualité du signal. Prenons l'exemple d'un balayage linéaire entre deux potentiels E1, E2 à une faible vitesse de balayage. Si on veut bénéficier de la résolution du convertisseur, le nombre de points N doit satisfaire l'inégalité suivante :

$$N \geq \frac{E_2 - E_1}{\Delta E} \qquad\qquad ( 53 )$$

où $\Delta E$ est le plus petit saut de potentiel.

Si E1 et E2 sont fixés aux limites de la gamme dynamique des tensions en sortie du convertisseur on déduit :

$$N \geq 2^{r\acute{e}solution} \qquad\qquad ( 54 )$$

Pour une résolution de 12 bits on trouve une capacité de mémoire nécessaire d'au moins 4096 points, de 65536 points pour 16 bits et 262144 points pour 18 bits. Pour effectuer le balayage retour il faudrait doubler cette capacité. En général le nombre de points disponibles ne dépasse pas quelques milliers, ce qui conduit à l'augmentation de $\Delta E$ et donc à la diminution de la qualité du signal. Avec notre instrument il y a deux manières de contourner ces limitations. La première et la plus évidente est que l'on emploie une grande capacité mémoire sur la carte, jusqu'à 4M mots de 32bits. La deuxième, qui économise beaucoup de mémoire, est une technique algorithmique au niveau du DSP qui calcule à chaque instant la valeur de l'échantillon suivant sur la base de l'équation de la droite qui est la fonction qui définit le signal de contrôle.

Une capacité élevée de mémoire est nécessaire également pour appliquer une technique d'impédance dans le domaine du temps. Dans cette méthode, les excitations du système électrochimique sont habituellement des signaux avec un spectre riche en fréquences, qui sont obtenus soit comme une somme des sinus, soit comme un signal aléatoire pour obtenir l'équivalent d'un bruit blanc. Cette technique se prête à des systèmes électrochimiques non stationnaires car elle présente l'avantage d'un temps de mesure court par rapport au temps nécessaire à une technique en fréquence. Le problème est la grande quantité de données qui doivent être mémorisées. Par exemple, pour une gamme de fréquences entre 0.2Hz et 100KHz et en utilisant un temps d'échantillonnage de 5µs on trouve un espace mémoire nécessaire d'un million de points.

# 5 RÉSUMÉ ET CONCLUSIONS

Nous avons réalisé un instrument de mesure électrochimique avec une architecture flexible qui permet de réunir dans un seul appareil plusieurs fonctions: potentiostat, galvanostat et analyseur d'impédance à trois ou quatre électrodes. L'instrument a été programmé et testé par des techniques d'impédance et de voltammétrie cyclique. En s'appuyant sur les possibilités de traitement numérique rapide, nous avons développé une nouvelle technique de correction de la chute ohmique sur la base de la transformée de Fourier discrète.

L'idée de départ à été de construire un instrument électrochimique de mesure et surtout de contrôle rapide. Dans ce but la partie de contrôle analogique de la cellule électrochimique a été doublée par une puissante partie numérique construite autour d'un circuit DSP. Le fait que la partie analogique soit contrôlée directement par un processeur numérique augmente considérablement la rapidité du contrôle par rapport aux instruments contrôlés à distance par un ordinateur. La rapidité du contrôle est limitée, dans notre cas, seulement par le temps de conversion du circuit analogique – numérique et par la complexité de l'algorithme de contrôle utilisé et non pas par la communication avec l'ordinateur, ce qui ouvre la porte à des nouvelles techniques électrochimiques.

Concrètement, l'instrument que nous avons développé se présente sous la forme d'une carte électronique qui se met à l'intérieur d'un ordinateur sur un slot ISA avec une alimentation externe. Les spécifications de notre instrument ont été déduites principalement de la recherche bibliographique résumée dans le deuxième chapitre. La diversité des techniques électrochimiques nous a conduit vers une architecture flexible à plusieurs configurations. La complexité des techniques de mesure avec des enchaînements de protocoles mais surtout le grand potentiel des techniques de contrôle et de correction, qui d'après nous nécessite un important appareil mathématique, nous a suggéré le besoin d'un circuit DSP.

Une fois que toutes les spécifications sur les fonctions et les performances de l'instrument ont été bien définies, nous avons entrepris la conception des schémas électroniques et procédé au choix des composants en fonction des disponibilités et du rapport qualité / prix. Nous n'avons pas négligé ce coté économique car, depuis le début, nous avons envisagé la possibilité d'industrialisation de l'instrument.

Le troisième chapitre est réservé à la description du fonctionnement de l'instrument tel que nous l'avons conçu. Nous avons examiné les contraintes imposées sur l'électronique par la nature d'une cellule électrochimique. Les solutions de circuit adoptées sont décrites en détail. Nous avons traité ici les problèmes d'impédance sur les entrées des électrodes de référence, de comportement en fréquence, de stabilité de la boucle de contrôle analogique, de précision sur le contrôle et sur la mesure de potentiel et de courant. Des difficultés ont été rencontrées pour réduire le bruit introduit par le convertisseur de tension utilisé pour l'alimentation flottante du premier étage de la partie de mesure du courant. Dans ce chapitre on trouve aussi la description du fonctionnement du générateur de sinus utilisé dans les techniques d'impédance et de correction de la chute ohmique. Nous décrivons à la fin du même chapitre l'architecture numérique de l'instrument, construite autour du processeur DSP, et ses interfaces vers les multiples types de mémoire, registres et convertisseurs AD et DA.

Pour vérifier le fonctionnement de l'instrument et pour mettre en évidence les nouvelles possibilités, plusieurs protocoles électrochimiques ont été écrits. Dans le quatrième chapitre, nous donnons le détail de la technique de mesure d'impédance par transformée de Fourier que nous avons développée et testée sur des systèmes réels. Comme les enregistrements se font dans une fenêtre de temps finie, nous avons fait une étude d'optimisation au niveau du choix des fréquences en rapport avec les limitations imposées par la résolution numérique, pour faire en sorte que la fréquence du sinus pointe sur une des fréquences du spectre discret et obtenir ainsi la meilleure précision. Nous avons remarqué que les mesures d'impédance sont affectées dans le domaine des hautes fréquences par les capacités parasites qui se trouvent sur les entrées des électrodes de référence et en parallèle avec la résistance de mesure de courant. Dans certains configurations de la cellule une correction des résultats est possible.

Enfin, nous proposons une nouvelle méthode de correction dynamique de la chute ohmique. A partir des travaux de Popkirov [32] nous superposons à la tension de balayage une excitation sinusoïdale de fréquence suffisamment élevée pour considérer que, à cette fréquence là, l'impédance entre l'électrode de référence et l'électrode de travail est réduite à la résistance de la solution. Un algorithme rapide basé sur la transformé de Fourier discrète permet de calculer cette résistance sur des enregistrements de 32 points et d'appliquer une correction sur la tension de contrôle. L'interpolation dans le plan complexe entre les composantes spectrales du courant aux fréquences voisines de la fréquence du sinus permet d'éliminer la composante spectrale du courant introduite par les autres excitations du système, en particulier par les sauts de tensions spécifiques aux balayages numériques de tension.

Nous avons démontré la faisabilité d'un instrument de mesure et de contrôle électrochimique avec une nouvelle architecture numérique. Les possibilités de cet instrument nous ont permis de développer une technique rapide de correction dynamique de la chute ohmique. Il reste à faire un travail important de développement des protocoles pour tirer profit de la puissance de calcul, ainsi qu'un travail de rectification des problèmes ponctuels apparus lors des essais, dans un but d'industrialisation.

Les outils de programmation :

Le fonctionnement de la partie analogique de l'instrument a été simulé en PSPICE en utilisent à la place de la cellule électrochimique un modèle de circuit électrique équivalent avec des résistances et des condensateurs. Les schémas et aussi le circuit imprimé en quatre couches ont été conçus à l'aide du logiciel OrCAD. Dans la programmation de la communication avec l'ordinateur et des protocoles électrochimiques, nous avons utilisé le logiciel Code Composer (Texas Instruments) du coté DSP, et LabVIEW (National Instruments) du coté PC pour l'interface utilisateur. Si le choix pour Code Composer à été imposé par le choix du DSP (le circuit TMS320C30), le choix pour LabVIEW à été fait pour réduire le temps de programmation grâce à des outils graphiques et mathématiques. Pour faire communiquer LabVIEW avec notre instrument sur une plate-forme Windows 95 nous avons développé un driver VXD en respectant des règles précises qui se trouvent partiellement indiquées dans les spécifications de Windows 95 (DDK - Device Driver Kit) et dans des articles d'informatique publiés principalement par Microsoft.

# 6 BIBLIOGRAPHIE

Articles

1.  ABERG SVANTE

    Measurement of uncompensated resistance and double layer capacitance during the course of a dynamic measurement: correction for IR drop and charging currents in arbitrary voltammetric techniques

    Journal of Electroanalytical Chemistry 419 (1996) 99-103

2.  AMATORE C., LEFROU C., PFLUGER F.

    On-line compensation of ohmic drop in submicrosecond time resolved cyclic voltammetry at ultramicroelectrodes

    J. Electroanal. Chem., 270 (1989) 43-59

3.  BEWICK A.

    Analysis of the use of « IR » compensators in potentiostatic investigations

    Electrochimica Acta, 1968, Vol. 13, pp. 825-830

4.  BEZMAN Richard

    Sampled-data approach to the reduction of uncompensated resistance effects in potentiostatic experiments

    Analytical Chemistry, Vol. 44, No. 11, September 1972, 1781-1785

5.  Booman G. L., Holbrook W.B.

    Anal. Chem.,35,1793 (1963)

6.  Booman G. L., Holbrook W.B.

    Anal. Chem.,37,795 (1965)

7.  BROWN E.R., SMITH D.E.

    A study of operational amplifier potentiostats employing positive feedback for iR compensation. Theoretical analysis of stability and bandpass characteristics

    Analytical Chemistry, Vol. 40, No. 10, August 1968, 1411-1423

8. DAROWICKI KAZIMIERZ

The amplitude analysis of impedance spectra

Electrochimica Acta, Vol. 40, No. 4, pp. 439-445, 1995

9. DIARD J.-P, LANDAUD P., LE GORREC B., MONTELLA C.

Automatic measurement of the conductivity of an electrolyte solution by FFT electrochemical impedance spectroscopy

Journal of applied electrochemistry 22 (1992) 1180-1184

10. DIXON Paul K., WU Lei

Broadband Digital Lock-In Amplifier Techniques

Rev. Sci. Instrum. 60 (10), October 1989, 3329-3337

11. Dölling R.

Hans Wenking, born August 18th, 1923. A problem-solver for electrochemists

Materials and Corrosion 49, No. 8, 535-538, 1998.

12. GABRIELLI C, KEDDAM M., LIZEE J.F.

Frequency analysis of electrochemical step responses; Complex and operational impedances

J. Electroanal. Chem., 205 (1986) 59-75

13. GABRIELLI C., HUET F., KEDDAM M.

Comparison of sine wave and white noise analysis for electrochemical impedance measurements

J. Electroanal. Chem., 335 (1992) 33-53

14. GABRIELLI C., HUET F., KEDDAM M.

Real-Time Measurement of Electrolyte Resistance Fluctuations

J. Electrochem. Soc., Vol. 138, No. 12, December 1991, L82-L84

15. GABRIELLI C., KEDDAM M.

Progrès récents dans la mesure des impédances électrochimiques en régime sinusoidal

Electrochimica Acta. 1974, Vol. 19, pp. 355-362

16. GABRIELLI C., KSOURI M., WIART R.

Compensation de la chute ohmique par une méthode analogique. Application a la mesure des impédances électrochimiques et a la détermination des courbes de polarisation

Electrochimica Acta, 1977, Vol. 22, pp. 255-260

17.GABRIELLI C., TRIBOLLET B.

A transfer function approach for a generalized electrochemical impedance spectroscopy

J. Electrochem. Soc., Vol. 141, No. 5, May 1994

18.GARREAU D., HAPIOT P., SAVEANT J.-M.

Fast cyclic voltammetry at ultramicroelectrodes. Current Measurement and ohmic drop positive feedback compensation by means of current feedback operational amplifiers

J. Electroanal. Chem., 281 (1990) 73-83

19.GUZUN A., OLTU O., PETRESCU B., POP A.

Computer controlled potentiostat for liquid-liquid interfaces studies

Revista de Chimie, 47, No. 3, 1996, 369-373

20.HE Peixin, FAULKNER Larry R.

Intelligent, automatic compensation of solution resistance

Anal. Chem. 1986, 58, 517-523

21.HERMAN H. B., SMITH E. B., RUDY B. C.

A new circuit for current reversal chronopotentiometry

Chemical Instrumentation, 2(2), pp. 257-265, October 1969

22.LAUER GEORGE, OSTERYOUNG A. ROBERT

Effect of uncompensated resistance on electrode kinetic and adsorption studies by chronocoulometry

Symposium on Electroanalytical Instrumentation, ACS; Winter Meeting, Analytical Division, Phoenix, Ariz. January 1996, Analytical Chemistry 1106-1112

23.LEI G., BARTOLO B. Di

Virtual instrumentation of a resonant spectrophone

Rev. Sci. Instrum. 66 (10), October 1995, 5102-5103

24.McINTYRE J.D.E., PECK W.F., Jr

An interrupt technique for measuring the uncompensated resistance of electrode reactions under potentiostatic control

J. Electrochem. Soc.: Electrochemical Science, June 1970, Vol. 117, No. 6, 747-751

25.MEYER J.-J, POUPARD D., DUBOIS J.-E.

Potentiostat with a positive feedback iR compensation and a high sensitivity current follower indicator circuit for direct determination of high second-order rate constants

Anal. Chem. 1982, 54, 207-212

26.MEZAROS G., MEZAROS L.

The Effect of Potential or Current Drift on the Accuracy of Low-Frequency ac Measurements in Electrochemistry

Electrochimica Acta, Vol. 40, No. 16, pp. 2675-2681, 1995

27.MILOCCO H. Ruben

Minimal measurement time in electrochemical impedance identification

Electrochimica Acta, Vol. 39, No. 10, pp. 1433-1439, 1994

28.MUELLER T.R., JONES H.C.

A controlled-potential and controlled-current cyclic voltammeter

Chemical Instrumentation, 2(1), pp. 65-82, July, 1969

29.MUMBY J.E., PERONE S.P.

Potentiostats and Cell Design for the Study of Rapid Electrochemical Systems

Chemical Instrumentation, 3(2), pp. 191-227, 1971

30.OSTERYOUNG A. ROBERT , SERALTHAN M.

J. Electroanal. Chem. 222, 69, 1987

31.PILLA A.A., ROE R.B., HERRMANN C.C.

High speed non-faradaic resistance compensation in potentiostatic techniques

J. Electrochem. Soc.: Electrochemical Science, August 1969, 1105-1112

32.POPKIROV G. S.

A technique for series resistance measurement and ohmic drop correction under potentiostatic control

J. Electroanal. Chem., 339 (1993) 97-103

33.POPKIROV G. S.

Fast time-resolved electrochemical impedance spectroscopy for investigation under nonstationary conditions

Electrochimica Acta, Vol. 41, Nos. 7/8, pp. 1023-1027, 1996

34. POPKIROV G. S., SCHINDLER R. N.

A new impedance spectrometer for the investigation of electrochemical systems

Rev. Sci. Instrum. 63 (11), November 1992

35. POPKIROV G. S., SCHINDLER R. N.

Optimization of the perturbation signal for electrochemical impedance spectroscopy in the time domain

Rev. Sci. Instrum. 64 (11), Nov 1993, 3111-3115

36. POPKIROV G.S., SCHINDLER R.N.

A new approach to the problem of « good » and « bad » impedance data in electrochemical impedance spectroscopy

Electrochimica Acta, Vol. 39, No. 13, pp. 2025-2030, 1994

37. POPKIROV G.S., SCHINDLER R.N.

Effect of sample nonlinearity on the performance of time domain electrochemical impedance spectroscopy

Electrochimica Acta, Vol. 40, No. 15, pp. 2511-2517, 1995

38. POPKIROV G.S., SCHINDLER R.N.

Validation of experimental data in electrochemical impedance spectroscopy

Electrochimica Acta, Vol. 38, No. 7, pp. 861-867, 1993

39. RAJPUT S.S., GARG S.C.

A high resolution autogain ranging linear electrometer amplifier

Rev. Sci. Instrum. 67 (2), February 1996, 609-611

40. SAMEC Z., MARECEK V., HOMOLKA D.

Double Layers at Liquid / Liquid Interfaces

Faraday Discuss. Chem. Soc. 1984, 77, 197-208

41. SAMEC Zdenek, MARECEK Vladimir, WEBER Jan

Charge Transfer Between Two Immiscible Electrolyte Solutions

J. Electroanal. Chem., 100 (1979) 841-852

42.SARMA N.S., SANKAR L., KRISHNAN A., RAJAGOPALAN S.R.

IR compensation in potentiostat

Electroanalytical Chemistry and Interfacial Electrochemistry, 41 (1973) 503-504

43.SCHROEDER Ronald R., SHAIN Irving

The Application of Feedback Principles to Instrumentation for Potentiostatic Studies

Chemical Instrumentation, 1(3), pp. 233-259, Jan. 1969

44.SOLOMON J. E.

The monolithic operational amplifier: a tutorial study

National Semiconductor Appendix A, December 1974

45.STOYNOV Z.

Nonstationary impedance spectroscopy

Electrochimica Acta, Vol. 38, No. 14, pp. 1919-1922, 1993

46.URQUIDI-MACDONALD MIRNA, REAL SILVIA, MACDONALD DIGBY

Applications of Kramers-Kronig transforms in the analysis of electrochemical impedance data -
III. Stability and Linearity

Electrochimica Acta, Vol. 35; No. 10, pp. 1559-1566, 1990

47.WELLS E. Eugene, Jr.

The question of instrumental artifact in linear sweep voltammetry with positive feedback ohmic
drop compensation

Analytical Chemistry, Vol. 43, No. 1, January 1971

48.WILKE Stefan

A modified galvanostatic iR compensation method for electrochemical measurements at liquid-
liquid interfaces

J. Electroanal. Chem., 301 (1991) 67-75

49.WOJCIK Paul T., AGARWAL Pankaj, ORAZEM Mark E.

A method for maintaining a constant potential variation during galvanostatic regulation of
electrochemical impedance measurements

Electrochimica Acta, Vol. 41, Nos. 7/8, pp. 977-983, 1996

50. YAMAGISHI H.

Automatic compensation of the IR drop in three-electrode systems by use of an electronic unit

J. Electroanal. Chem., 326 (1992) 129-137

51. ZBIGNIEW FIGASZEWSKI

System for Measuring Separate Impedance Characteristics with a Three- or Four-Electrode Potentiostat

J. Electroanal. Chem. 139 (1982) 309-315

52. ZBIGNIEW Figaszewski, ZBIGNIEW Koczorowski, GRRAZYNA Geblewicz

System for Electrochemical Studies with a Four-Electrode Potentiostat

J. Electroanal. Chem., 139 (1982) 317-322


**Ouvrages**

53. BARD Allen J., FAULKNER Larry R.

Electrochimie, méthodes et applications

Adaptation française MASSON 1983

54. BONCIOCAT Nicolae

Electrochimie si aplicatii

Editura Dacia Europa – Nova , Timisoara 1996

55. BURR-BROWN

Applications handbook BURR-BROWN 1994

56. BURR-BROWN

Linear Products 1996/1997 IC Data Book

57. BURR-BROWN

Mixed Signal Products 1996/1997 IC Data Book

58. GABRIELLI Claude

Mesures d'impédances

Techniques de l'Ingénieur P2210-1, P2210-18

59.LANG TRAN-TIEN

Les microprocesseurs en instrumentation

Techniques de l'Ingénieur R520-1, R521-16

60.MACDONALD Digby D.

Transient Techniques in Electrochemistry

Plenum Press 1977 , Chapter 2, 31-41, Chapter 7, 229-310

61.NADJO L., SAVEANT J.M., D. TESSIER

Convolution potential sweep voltammetry, Effect of sweep rate cyclic voltammetry

January 1974

62.PHILIPS ECG RELAYS

Applications Guidelines

63.STROBEL Howard A., HEINEMAN William R.

Chemical Instrumentation: a systematic approach (third edition)

WILEY 1989


**Documents Internet**

64.GAMRY INSTRUMENTS

Reference Electrode Effects on Potentiostat Performance

Applications Notes, www.gamry.com

65.EG&G PRINCETON APPLIED RESEARCH

A Review Of Techniques for Electrochemical Analyses

Application Note: E-4, www.perkinelmer.com

# ANNEXE A

# LA DESCRIPTION DES REGISTRES

Résumé des fonctions des registres.

| Désignation | Bits | Fonction |
|---|---|---|
| SINGEN | 8 | Permet la communication série du DSP avec le générateur de sinus. Sélectionne l'amplitude de la sinusoïde. |
| CONTRÔLE | 8 | Registre qui contrôle l'interface avec le PC. |
| MEMOVR | 8 | Sert à identifier la taille de la mémoire dynamique DRAM. Indique si les amplificateurs de la cellule électrochimique sont saturés. |
| GAIN | 8 | Etablit la gamme de courant. |
| POWERAMP | 8 | Actionne les commutateurs qui définissent la configuration de contrôle de la cellule électrochimique. |

Le registre SINGEN

| Bit | Désignation | R/W | Description |
|---|---|---|---|
| 0 | SD | W | Serial Data. Chaque bit du mot de programmation de la fréquence du générateur de sinus est déplacé à la sortie SD et enregistré dans le registre de fréquence du circuit HSP45102 sur le front montant du signal SCLK. |
| 1 | SCLK | W | Serial Clock. Sur le front montant de SCLK la valeur du SD est déplacée dans le registre de fréquence du circuit HSP45102. |
| 2 | /TXFR | W | Lorsque /TXFR est à 0 le mot de 32 bits sérialisé précédemment dans le registre de fréquence est transféré dans le registre d'accumulation de phase du HSP45102. |
| 3 | /LOAD | W | Lorsque /LOAD est à 0 le retour dans l'accumulateur de phase devient zéro. |
| 4 | /ENPHAC | W | Lorsque /ENPHAC est à 0 l'accumulateur de phase calcule la phase du sinus au moment suivant. Lorsque /ENPHAC est à 1 la génération de la sinusoïde est arrêtée à la dernière phase. |
| 5-7 | AT[0..2] | W | Choix de l'atténuation : 000 →0mV, 001 →5mV, 010 →10mV, 011 |

| | | | →15mV, 100 →20mV, 101 →25mV, 110 →30mV, 111 →35mV |

Le registre de CONTRÔLE

| Bit | Désignation | R/W | Description |
|---|---|---|---|
| 0 | INT0 | R | Demande d'interruption pour le DSP. Le PC peut faire une demande d'interruption au DSP en mettant INT0 à 1. Le DSP efface INT0 et donne la permission pour une nouvelle interruption en écrivant successivement 0 et 1 dans le bit INTCLR. Le PC ne peut pas générer une interruption tant que INTCLR est à 0. INT0 est mis à 0 au reset. |
| 1 | IRQCLR | R | Efface et bloque les interruptions du DSP vers le PC. IRQCLR doit être mis à 1 par le PC avant que le DSP puisse faire une demande d'interruption au PC. Le PC efface et donne la permission pour une nouvelle interruption IRQ en en écrivant successivement 0 et 1 dans le bit IRQCLR. IRQCLR est mis à 0 au reset. |
| 2 | DPME | R | Permet l'utilisation de la mémoire double port par le DSP. Lorsque DPME est à 1 la mémoire double port de 4K est placée dans un endroit valide dans l'espace mémoire du PC. Lorsque DPME est à 0 la mémoire double port ne peut pas encore être utilisée par le DSP. Au reset DPME est à 0. |
| 3 | SRESET | R | Software reset. Le PC peut initialiser le DSP en mettant SRESET à 1. Au reset SRESET est à 0. |
| 4 | IRQ | R/W | Interruption adressée au PC. Le DSP peut interrompre le PC en mettant le bit IRQ à 1. Le PC efface et donne la permission pour une nouvelle interruption IRQ en en écrivant successivement 0 et 1 dans le bit IRQCLR. Le DSP ne peut pas générer une interruption tant que IRQCLR est à 0. Au reset, IRQ est mis à 0. |
| 5 | INTCLR | R/W | Efface et interdit les interruptions du PC au DSP (INT0). INTCLR |

| | | | |
|---|---|---|---|
| | | | doit être à 1 avant que le PC puisse générer une interruption du DSP. Le DSP efface et donne la permission pour une nouvelle interruption INT0 en écrivant successivement 0 et 1 dans le bit INTCLR. Au reset, INTCLR est mis à 0. |
| 6 | RD | W | Sémaphore droit. Le DSP fait une demande d'accès à la mémoire double port en en mettant le bit RD à 0. Le DSP doit lire RGRANT pour voir si l'accès à la mémoire est libre. Pour libérer la mémoire le DSP doit écrire 1 dans RD. |
| | RGRANT | R | Accès droit gagné. RGRANT est lu par le DSP après une demande d'accès à la mémoire double port. RGRANT = 0 signifie que le DSP a gagné l'accès à la mémoire alors que RGRANT = 1 signifie que l'accès à la mémoire est réservé au PC. |
| 7 | MSWAP | R/W | Mémoire swap. MSWAP change les zones d'adresses des mémoires EPROM et SRAM. MSWAP = 0 correspond à une mémoire EPROM adressable de 00000h à 00FFFFh et à une mémoire SRAM adressable de 400000h à 40FFFFh. MSWAP = 1 correspond à une mémoire SRAM adressable de 00000h à 00FFFFh et à une mémoire EPROM adressable de 400000h à 40FFFFh. |

Le registre GAIN

| Bit | Désignation | R/W | Description |
|---|---|---|---|
| 0-7 | GAIN[0..7] | W | Choix des gammes de courant. Chaque bit du registre de GAIN commande un relais de courant : bit 0 = 1 ferme le relais de la gamme 100nA, bit 1 = 1 ferme le relais de la gamme 1µA et ainsi de suite jusqu'à la gamme 1A. Au reset tous le bits sont à 0 donc tous les relais de courant sont ouverts et la cellule est protégée. |

Le registre MEMOVR

| Bit | Désignation | R/W | Description | | | | | | |
|-----|-------------|-----|------|------|------|------|------|------|
| 0-3 | PD√0..3☑ | R | PD0 | PD1 | PD2 | PD3 | Taille de la DRAM | $t_{RAC}$ (ns) |
| | | | 0 | 0 | 0 | 0 | 1M | 100 |
| | | | 1 | 1 | 1 | 0 | 2M | 80 |
| | | | 0 | 1 | 0 | 1 | 4M | 70 |
| | | | 1 | 0 | 1 | 1 | X | 60 |
| 4-7 | OVR[0..3] | R | Saturation des amplificateurs de la cellule. OVR0 = 0 saturation de l'ampli CA2, OVR1 = 1 saturation de l'ampli CA1, OVR2 = 1 saturation de l'ampli REF2, OVR3 = 1 saturation de l'ampli REF1 | | | | | |

Le registre POWERAMP

| Bit | Désignation | R/W | Description |
|-----|-------------|-----|-------------|
| 0 | REPA | W | REPA à 1 met l'amplificateur CA1 en configuration de suiveur. Dans cette configuration POT et GAL doivent être à 0. |
| 1 | REPB | W | REPB à 1 met l'amplificateur CA2 en configuration de suiveur. |
| 2 | POT | W | POT à 1 l'instrument en configuration de potentiostat. Dans cette configuration GAL, REPA et REPB doivent être à 0. |
| 3 | GAL | W | GAL à 1 met l'instrument en configuration de galvanostat. Dans cette configuration POT, REPA et REPB doivent être à 0. |
| 4 | COMP | W | Compensation en fréquence de la boucle de régulation. COMP = 1 sans compensation et COMP = 0 avec compensation. |
| 5 | FILTRU | W | FILTRU à 1 introduit des filtres passe-bas sur les mesures. |
| 6-7 | ES[0..1] | W | Choix du signal sur l'entrée A de l'ADC : 00 – masse (0V) ; 01 – Eref/2 ; 10 – Eref ; 11 – entrée externe. |

# ANNEXE B

# LE CALCUL DU BRUIT

Calcul du bruit

Le bruit est calculé à partir des courbes de catalogues des amplificateurs opérationnels. Le gain des amplificateurs est supposé constant dans la bande des fréquences étudiée et égal à l'inverse du facteur de contre-réaction. On ne prend pas en compte le bruit introduit par la cellule électrochimique.

Circuit A1 (OPA111)

On considère le bruit RTI produit par l'amplificateur plus celui de la résistance de protection de 2.2KΩ en entrée :

$$\overline{e_{A1}^{n_{RTI}}}^2 = \overline{e_{A1}^{n}}^2 + \overline{e_{Rp}^{n}}^2$$

| B(Hz) | Δf(Hz) | $\overline{e_{A1}^{n}}^2$ | SUM x Δf |
|-------|--------|---------------------------|----------|
| 1 – 10 | 9 | $60^2 = 3600$ | 32400 |
| 10 – 100 | 90 | $15^2 = 225$ | 20250 |
| 100 – 1000 | 900 | $8^2 = 64$ | 57600 |
| 1k – 10k | 9000 | $6^2 = 36$ | 324000 |
| 10k – 100k | 90000 | $5^2 = 25$ | 2250000 |
| 100k – 200k | 100000 | $5^2 = 25$ | 2500000 |

$\overline{e_{Rp}^{n}}^2 = 36.5$ (nV$^2$/Hz)

| Bande | Tension effective de bruit RTI | µVrms |
|-------|-------------------------------|-------|
| 1KHz | $(32400+20250+57600+36.5 \times 1KHz)^{1/2}$ | 0.38 |
| 10KHz | $(32400+20250+57600+324000+36.5 \times 10KHz)^{1/2}$ | 0.89 |
| 100KHz | $(32400+20250+57600+324000+2250000+36.5 \times 100KHz)^{1/2}$ | 2.52 |
| 200KHz | $(32400+20250+57600+324000+2250000+2500000+36.5 \times 200KHz)^{1/2}$ | 3.53 |

Circuit A2 (OPA111)

Identique à A1

$$\overline{e_{A2}^{n_{RTI}}}^2 = \overline{e_{A2}^{n}}^2 + \overline{e_{Rp}^{n}}^2$$

| Bande | Tension effective de bruit RTI | μVrms |
|---|---|---|
| 1KHz | $(32400+20250+57600+36.5 \times 1KHz)^{1/2}$ | 0.38 |
| 10KHz | $(32400+20250+57600+324000+36.5 \times 10KHz)^{1/2}$ | 0.89 |
| 100KHz | $(32400+20250+57600+324000+2250000+36.5 \times 100KHz)^{1/2}$ | 2.52 |
| 200KHz | $(32400+20250+57600+324000+2250000+2500000+36.5 \times 200KHz)^{1/2}$ | 3.53 |

## Circuit A3 (OPA27)

$$\overline{e_{A3}^{n_{RTO}}}^2 = \left[ \overline{e_{A3}^n}^2 + \overline{i_{A3}^{n+}}^2 \cdot \left(R_{A3}^+\right)^2 \right]\left(1+\frac{R4}{R5}\right)^2 + \overline{i_{A3}^{n-}}^2 \cdot (R4)^2 + \overline{e_{R1}^n}^2 + \overline{e_{R2}^n}^2 + \overline{e_{R3}^n}^2 + \overline{e_{R4}^n}^2 + \overline{e_{R5}^n}^2\left(\frac{R4}{R5}\right)^2$$

| B(Hz) | $\Delta f$(Hz) | $\left[\overline{e_{A3}^n}^2 + \overline{i_{A3}^{n+}}^2 \cdot \left(R_{A3}^+\right)^2\right]\left(1+\frac{R4}{R5}\right)^2$ | $\overline{i_{A3}^{n-}}^2 \cdot (R4)^2$ | SUM x $\Delta f$ |
|---|---|---|---|---|
| 1 – 10 | 9 | $[4^2+(2pA)^2(2K/3)^2]\,3^2 = 160$ | $(2pA)^2(2K)^2=4$ | 1476 |
| 10 – 100 | 90 | $[3^2+(0.8pA)^2(2K/3)^2]\,3^2 = 83.5$ | $(0.8pA)^2(2K)^2=2.56$ | 7745 |
| 100 – 1000 | 900 | $[3^2+(0.4pA)^2(2K/3)^2]\,3^2 = 81.6$ | $(0.4pA)^2(2K)^2=0.64$ | 74016 |
| 1k – 10k | 9000 | $[3^2+(0.4pA)^2(2K/3)^2]\,3^2 = 81.6$ | $(0.4pA)^2(2K)^2=0.64$ | 740160 |
| 10k – 100k | 90000 | $[3^2+(0.4pA)^2(2K/3)^2]\,3^2 = 81.6$ | $(0.4pA)^2(2K)^2=0.64$ | 7401600 |
| 100k – 200k | 100000 | $[3^2+(0.4pA)^2(2K/3)^2]\,3^2 = 81.6$ | $(0.4pA)^2(2K)^2=0.64$ | 8224000 |

$$\overline{e_{R1}^n}^2 = \overline{e_{R2}^n}^2 = \overline{e_{R3}^n}^2 = \overline{e_{R4}^n}^2 = 33.2 \text{ (nV}^2/\text{Hz)} \qquad \overline{e_{R5}^n}^2\left(\frac{R4}{R5}\right)^2 = 66.4 \text{ (nV}^2/\text{Hz)}$$

| Bande | Tension effective de bruit RTO | μVrms |
|---|---|---|
| 1KHz | $(1476+7745+74016+4 \times 33.2 \times 1K+66.4 \times 1K)^{1/2}$ | 0.53 |
| 10KHz | $(1476+7745+74016+740160+4 \times 33.2 \times 10K+66.4 \times 10K)^{1/2}$ | 1.67 |
| 100KHz | $(1476+7745+74016+740160+7401600+4 \times 33.2 \times 100K+66.4 \times 100K)^{1/2}$ | 5.03 |
| 200KHz | $(1476+7745+74016+740160+7401600+8224000+4 \times 33.2 \times 200K+66.4 \times 200K)^{1/2}$ | 7.50 |

## Circuit A4 (OPA2604)

$$\overline{e_{A4}^{n_{RTO}}}^2 = \overline{e_{A4}^n}^2\left(1+\frac{R7}{R6}\right)^2 + \overline{e_{R7}^n}^2 + \overline{e_{R6}^n}^2\left(\frac{R7}{R6}\right)^2 + \overline{i_{A4}^n}^2 (R7)^2$$

Le courant de bruit du circuit OPA2604 est extrêmement faible : 6fA jusqu'environ 200KHz et, en conséquence, sa contribution au bruit total du circuit est considérée comme négligeable.

| B(Hz) | $\Delta$f(Hz) | $\overline{e_{A4}^2}\cdot\left(1+\frac{R7}{R6}\right)^2$ | $\overline{e_{R7}^2}$ | $\overline{e_{R6}^2}\left(\frac{R7}{R6}\right)^2$ | SUM x $\Delta$f (nV$^2$) |
|---|---|---|---|---|---|
| 1 – 100 | 99 | $25^2$x1.006$^2$=633 | 16.6 | 0.11 | 64321 |
| 100 – 300 | 200 | $15^2$x1.006$^2$=228 | 16.6 | 0.11 | 48942 |
| 300 – 1000 | 700 | $11^2$x1.006$^2$=122.6 | 16.6 | 0.11 | 97517 |
| 1k – 10k | 9000 | $10^2$x1.006$^2$=101.3 | 16.6 | 0.11 | 1062090 |
| 10k – 100k | 90000 | $10^2$x1.006$^2$=101.3 | 16.6 | 0.11 | 10620900 |
| 100k – 200k | 100000 | $10^2$x1.006$^2$=101.3 | 16.6 | 0.11 | 11801000 |

| Bande | Tension effective de bruit RTO | $\mu$Vrms |
|---|---|---|
| 1KHz | $(64321 + 48942 + 97517)^{1/2}$ | 0.459 |
| 10KHz | $(64321 + 48942 + 97517 + 1062090)^{1/2}$ | 1.13 |
| 100KHz | $(64321 + 48942 + 97517 + 1062090 + 10620900)^{1/2}$ | 3.5 |
| 200KHz | $(64321 + 48942 + 97517 + 1062090 + 10620900+11801000)^{1/2}$ | 4.87 |

Circuit A5 (INA105)

$$\overline{e_{A5}^{n_{RTO}}}^2 = \overline{e_{A5}^n}^2$$

| B(Hz) | $\Delta$f(Hz) | $\overline{e_{CA1}^n}^2$ | SUM x $\Delta$f |
|---|---|---|---|
| 10 – 1000 | 990 | $60^2$ = 3600 | 3564000 |
| 1k – 10k | 9000 | $60^2$ = 3600 | 32400000 |
| 10k – 100k | 90000 | $60^2$ = 3600 | 324000000 |
| 100k – 200k | 100000 | $60^2$ = 3600 | 360000000 |
| Bande | Tension effective de bruit RTO | $\mu$Vrms |

| 1KHz | $(2400^2+3564000)^{1/2}$ | 3.05 |
|---|---|---|
| 10KHz | $(2400^2+3564000+32400000)^{1/2}$ | 6.46 |
| 100KHz | $(2400^2+3564000+32400000+324000000)^{1/2}$ | 19.12 |
| 200KHz | $(2400^2+3564000+32400000+324000000+360000000)^{1/2}$ | 26.9 |

Circuit A6 (OPA2604)

$$\overline{e_{A6}^{n_{RTI}}}^2 = \overline{e_{A6}^{n}}^2 + \overline{e_{15K}^{n}}^2 + \overline{i_{A6}^{n}}^2 (15K)^2$$

Le courant de bruit de l'ordre de quelques fA est négligeable

| B(Hz) | $\Delta$f(Hz) | $\overline{e_{A6}^{n}}^2$ | SUM x $\Delta$f |
|---|---|---|---|
| 1 – 10 | 9 | $40^2 = 1600$ | 14400 |
| 10 – 100 | 90 | $20^2 = 400$ | 36000 |
| 100 – 1k | 900 | $12^2 = 144$ | 129600 |
| 1k – 10k | 9000 | $10^2 = 100$ | 900000 |
| 10k – 100k | 90000 | $10^2 = 100$ | 9000000 |
| 100k – 200k | 100000 | $10^2 = 100$ | 10000000 |

$\overline{e_{15K}^{n}}^2 = 254$ (nV$^2$/Hz)

| Bande | Tension effective de bruit RTI | µVrms |
|---|---|---|
| 1KHz | $(1400+36000+129600+254 \times 1KHz)^{1/2}$ | 0.65 |
| 10KHz | $(1400+36000+129600+900000+254 \times 10KHz)^{1/2}$ | 1.89 |
| 100KHz | $(1400+36000+129600+900000+9000000+254 \times 100KHz)^{1/2}$ | 5.95 |
| 200KHz | $(1400+36000+129600+900000+9000000+10000000+254 \times 200KHz)^{1/2}$ | 8.41 |

Circuit CA1 (OPA2544)

$$\overline{e_{CA1}^{n_{RTI}}}^2 = \overline{e_{CA1}^{n}}^2 + \overline{i_{CA1}^{n-}}^2 (33K)^2 + \overline{e_{33K}^{n}}^2$$

Le courant de bruit de l'ordre de quelques fA est négligeable

| B(Hz) | $\Delta f$(Hz) | $\overline{e^n_{CA1}}^2$ | SUM x $\Delta f$ |
|---|---|---|---|
| 1 – 10 | 9 | $60^2 = 3600$ | 32400 |
| 10 – 100 | 90 | $36^2 = 1296$ | 116640 |
| 100 – 1000 | 900 | $36^2 = 1296$ | 1166400 |
| 1k – 10k | 9000 | $36^2 = 1296$ | 11664000 |
| 10k – 100k | 90000 | $36^2 = 1296$ | 116640000 |
| 100k – 200k | 100000 | $36^2 = 1296$ | 129600000 |

$\overline{e^n_{33K}}^2 = 548$ (nV$^2$/Hz)

| Banda | Tension effective de bruit RTI | µVrms |
|---|---|---|
| 1KHz | $(32400+116640+1166400+548\text{x}1\text{KHz})^{1/2}$ | 1.36 |
| 10KHz | $(32400+116640+1166400+11664000+548\text{x}10\text{KHz})^{1/2}$ | 4.29 |
| 100KHz | $(32400+116640+1166400+11664000+116640000+548\text{x}100\text{KHz})^{1/2}$ | 13.58 |
| 200KHz | $(32400+116640+1166400+11664000+116640000+129600000+548\text{x}200\text{KHz})^{1/2}$ | 19.20 |

Circuit CA2 (OPA2544)

Identique à CA1

$$\overline{e^{n_{RTI}}_{CA2}}^2 = \overline{e^n_{CA2}}^2 + \overline{i^{n-}_{CA2}}^2 (33K)^2 + \overline{e^n_{33K}}^2$$

| Bande | Tension effective de bruit RTI | µVrms |
|---|---|---|
| 1KHz | $(32400+116640+1166400+548\text{x}1\text{KHz})^{1/2}$ | 1.36 |
| 10KHz | $(32400+116640+1166400+11664000+548\text{x}10\text{KHz})^{1/2}$ | 4.29 |
| 100KHz | $(32400+116640+1166400+11664000+116640000+548\text{x}100\text{KHz})^{1/2}$ | 13.58 |
| 200KHz | $(32400+116640+1166400+11664000+116640000+129600000+548\text{x}200\text{KHz})^{1/2}$ | 19.20 |

# ANNEXE C

# SCHEMA ET CIRCUIT IMPRIME

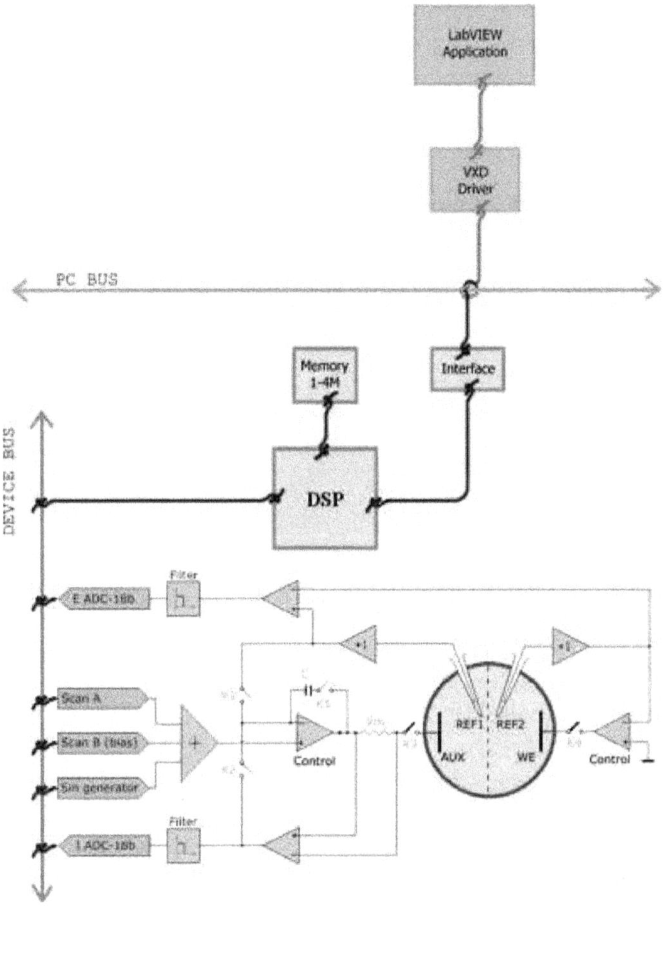
LabVIEW Application
VXD Driver
PC BUS
Memory 1-4M
Interface
DEVICE BUS
DSP
Filter
E ADC-18b
Scan A
Scan B (bias)
Sin generator
Control
REF1
REF2
AUX
WE
Control
Filter
I ADC-18b

RESUME DES CARACTERISTIQUES TECHNIQUES

Amplificateur de contrôle

Tension:                        ±32V

Courant:                        ±2A

Bande passante unitaire: >1MHz

Slew Rate:                      8V/µs

Electromètre

Impédance:                      $10^{13}$ Ω // 10pF

Courant d'entrée (bias):  < 1pA

Bande passante unitaire: >2MHz

Slew rate:                      2V/µs

Mesure du potentiel

Gammes:                         ±6V, ±3V

Résolution:                     18 bits

Temps d'acquisition:      5µs

Mesure du courant

Gammes:                         ±1A,100mA,±10mA,±1mA,±100µA,±10µA,±1µA, ±100nA

Résolution:                     18 bits

Temps d'acquisition:      5µs

Potentiel imposé

Gammes:                         ±6V, ±3V

Résolution:                     18 bits

Temps d'acquisition:      5µs

Générateur sinusoïdal

Résolution en amplitude:      12bits

Résolution en fréquence:32bits (0.007Hz)

Choix de la fréquence:     $f_{sin} = \dfrac{N \cdot 32\text{MHz}}{2^{32}}$

Choix de l'amplitude (mV):   5,10,15,20,25,30,35

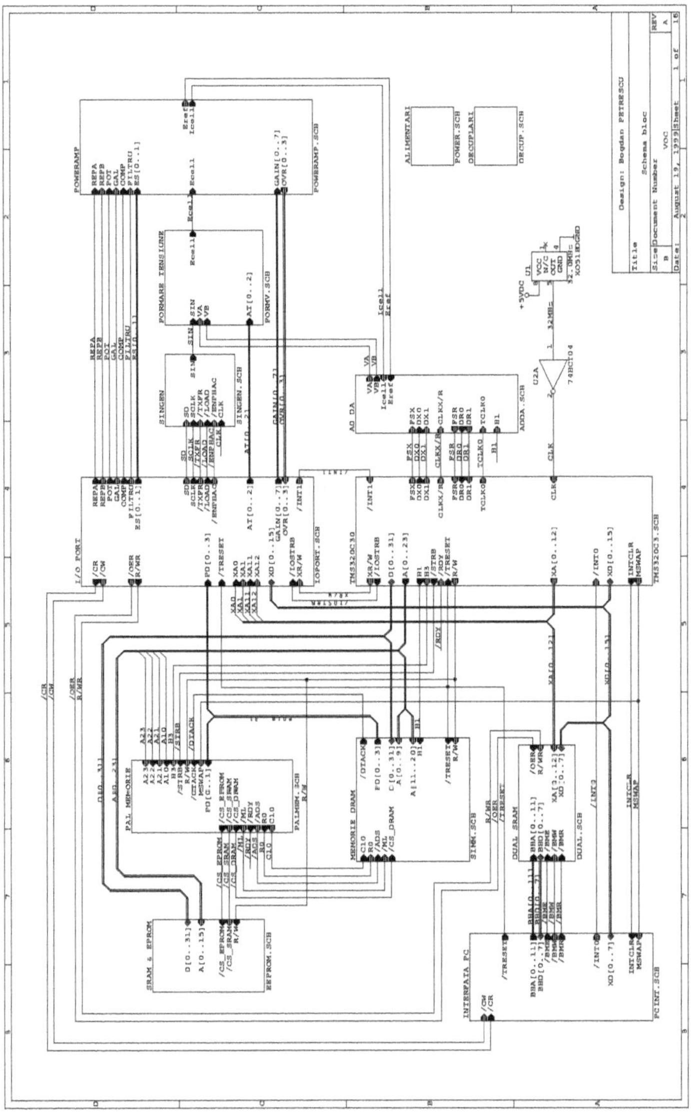
POWERAMP
FORMARE TENSIUNE
SINGEN
AD DA
ALIMENTARI
DECUPLARI
I/O PORT
TMS320C30
PAL MEMORIE
MEMORIE DRAM
DUAL SRAM
SRAM & EPROM
INTERFATA PC
Design: Bogdan PETRESCU
Title
Schema bloc
Document Number
VOC
Date: August 19, 1999
Sheet 1 of 16

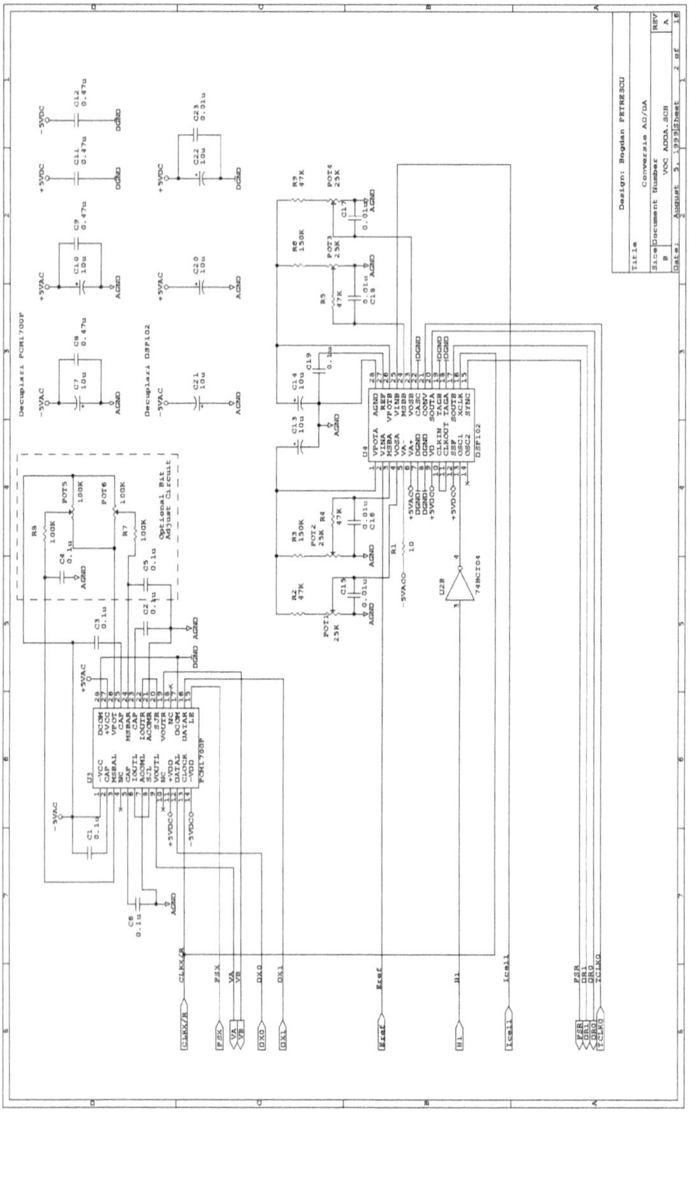
Design: Bogdan PETRESCU
Title
Conversie AD/DA
Size Document Number
B
VOC ADDA.SCH
REV
A
Date: August 5, 1999 Sheet 2 of 16

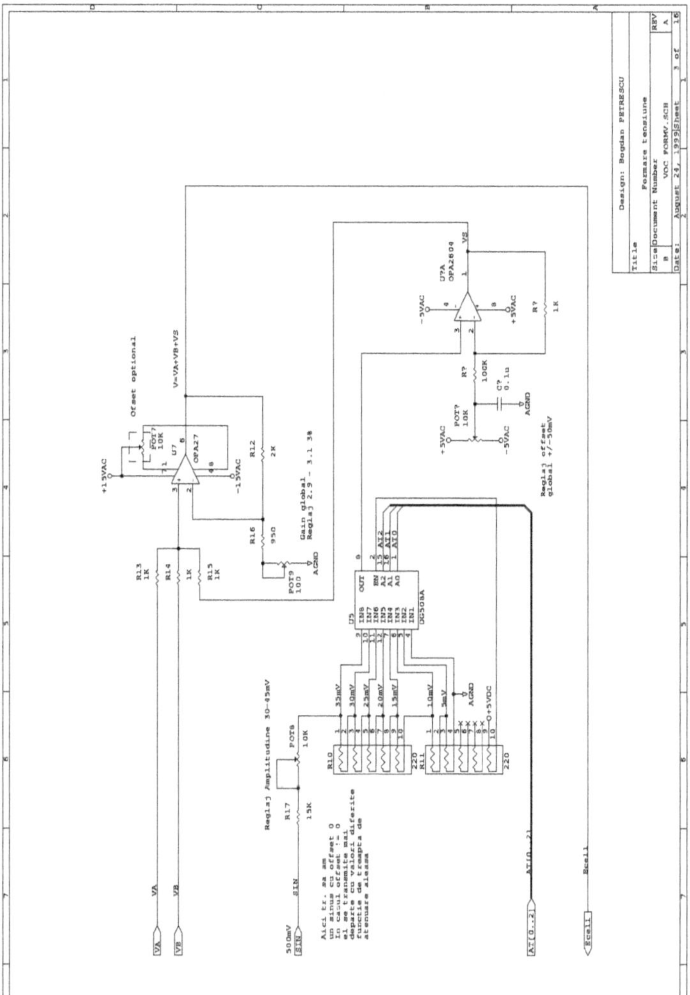
Design: Bogdan PETRESCU
Formare tensiune
VDC FORMV.SCH
August 24, 1999

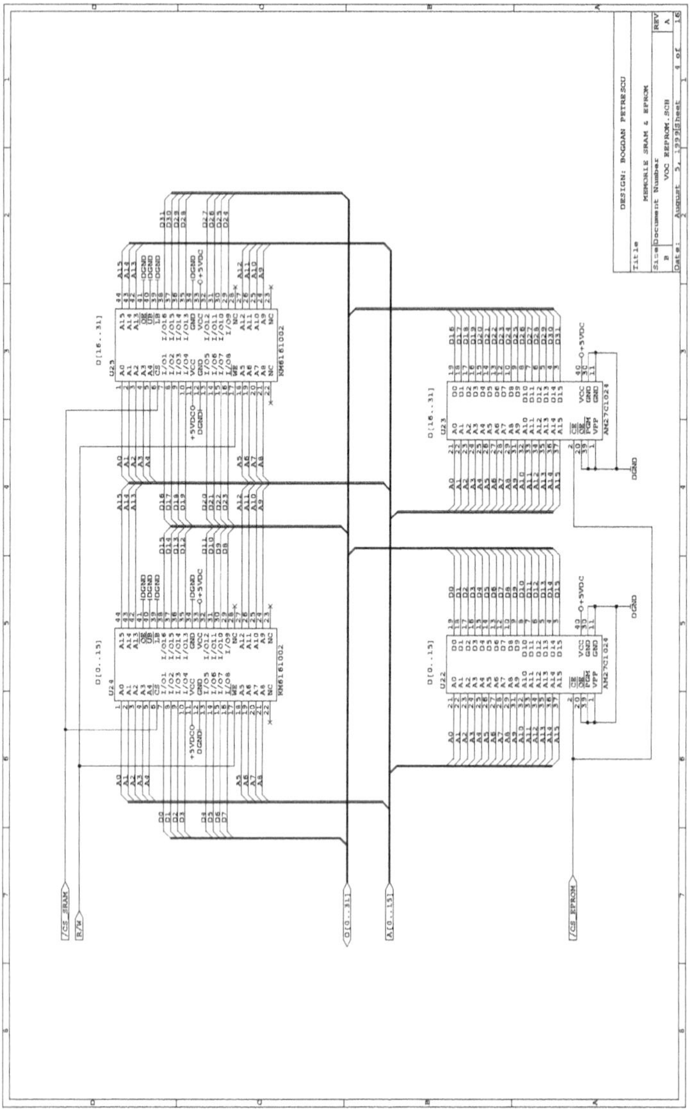

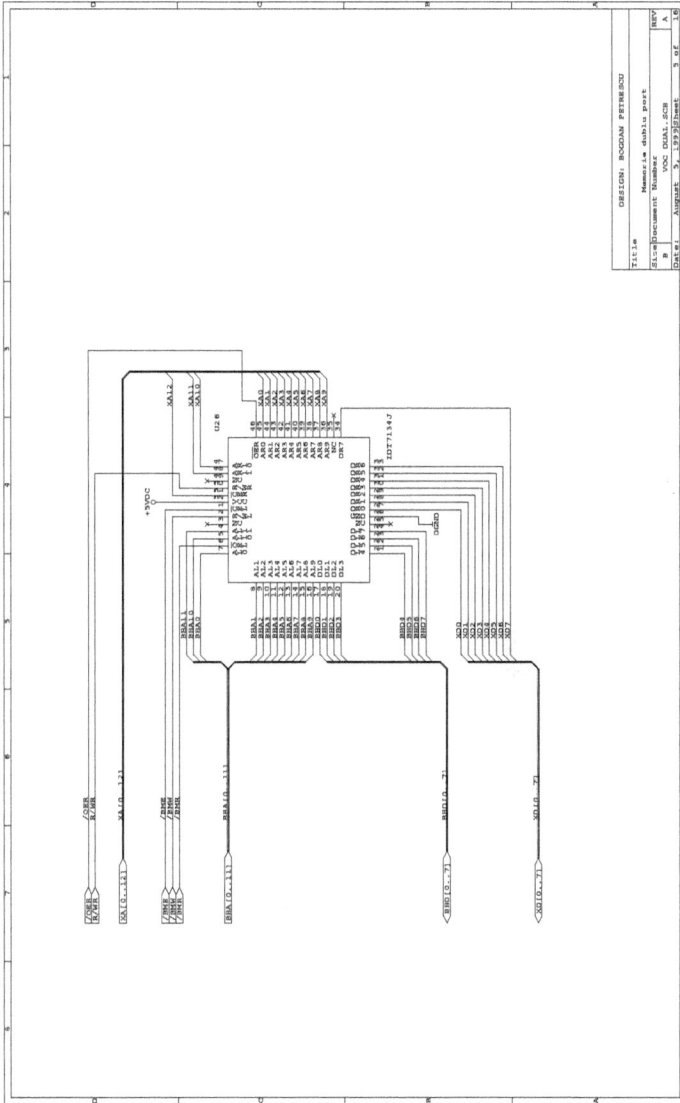

PAL1

/** Inputs **/

Pin 1 ... CLK
Pin 2 ... A23
Pin 3 ... A22
Pin 5 ... NSTROBE
Pin 6 ... SWAP
Pin 7 ... R_W
Pin 8 ... NOTACK
Pin 9 ... NRDY_EPROM

/** Outputs **/

Pin 12 ... NCS_EPROM
Pin 13 ... NCS_DRAM
Pin 14 ... NCS_SRAM
Pin 16 ... NRDY
Pin 17 ... NBUSY_EPROM
Pin 18 ... NBUSY_DRAM
Pin 19 ... NBUSY_SRAM

/** Logic Equations **/

NCS_EPROM = !(( A23 & A22 & SWAP & !NSTROBE & R_W & NBUSY_DRAM & NBUSY_SRAM)
# !( A23 & A22 & SWAP & !NSTROBE & R_W & NBUSY_DRAM & NBUSY_EPROM));

NCS_SRAM = !(( A23 & A22 & SWAP & !NSTROBE & NBUSY_DRAM & NBUSY_EPROM)
# !( A23 & A22 & SWAP & !NSTROBE & !NSTROBE));

NCS_DRAM = !(( A23 & A22 & !NSTROBE & R_W));

NRDY = !(( A23 & A22 & SWAP & !NSTROBE & NBUSY_DRAM & NBUSY_EPROM));

NBUSY_SRAM.D = !( NCS_SRAM & R_W);
NBUSY_EPROM.D = !( NCS_DRAM & R_W);
NBUSY_DRAM.D = !( NRDY_EPROM);

PAL2

/** Inputs **/

Pin 1 ... CLK
Pin 2 ... NCS_EPROM
Pin 3 ... NCS_DRAM
Pin 4 ... A21
Pin 7 ... PD0
Pin 8 ... PD1

/** Outputs **/

Pin 12 ... NACS
Pin 13 ... PD0
Pin 14 ... CLO
Pin 16 ... NRDY_EPROM
Pin 17 ... NRD

/** Logic Equations **/

RD = A10 & 'PD0 & 'PD1
# A21 & PD0 & 'PD1;

CLO = A21 & PD0 & 'PD1
# A10 & PD0 & PD1
# A10 & PD0 & 'PD1;

NACS.d = ( NACS & !NOTACK # (NACS & NACS));
NRD.d = (NACS & NACS) # NCS_DRAM;
NRDY_EPROM.d = !(( NCS_EPROM & NRD & NRDY_EPROM));

U27
CLK/I0    VCC 20   +5VCC
I1    I/07 19   /BUSY_DRAM
A22   I/06 18   /BUSY_SRAM
A21   I/05 17   /RDY_EPROM
MEMAP I/04 16   /CS_DRAM
R_W   I/03 15   /CS_EPROM
I/02 14
I/01 13
GND   08/19 12
GND 11       DGND
PAL16R8

U28
CLK/I0    VCC 20   +5VCC
I1    I/07 19   /RD
A21   I/06 18   /RDY_EPROM
A10   I/05 17
PD0   I/04 16   /I01
PD1   I/03 15   /I00
I/02 14
I/01 13
GND   08/19 12
GND 11       DGND
PAL16R8

R73A 33

PD[0..1]          /CS_SRAM

DESIGN: BOGDAN PETRESCU

Title: Pal
Document Number: VDC PALxMPH SCH
Date: August 13, 1999   Sheet 8 of 16
REV A

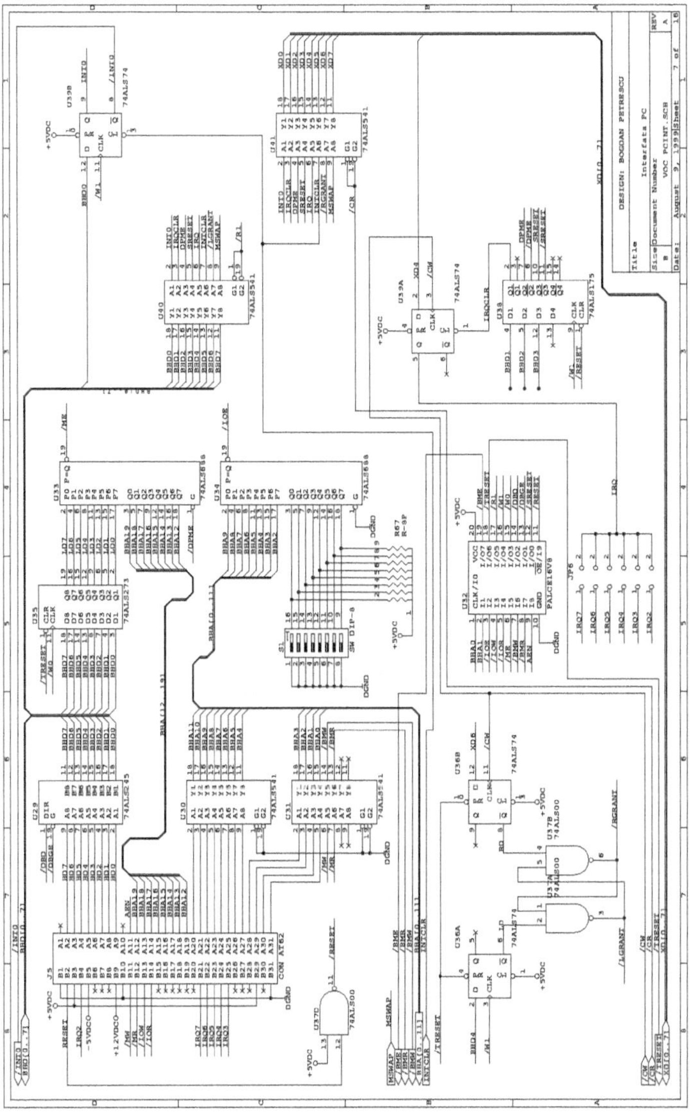
DESIGN: BOGDAN PETRESCU
Title
Interfata PC
Size Document Number
B VOC PCINT.SCH
REV A
Date: August 9, 1999 Sheet 7 of 16

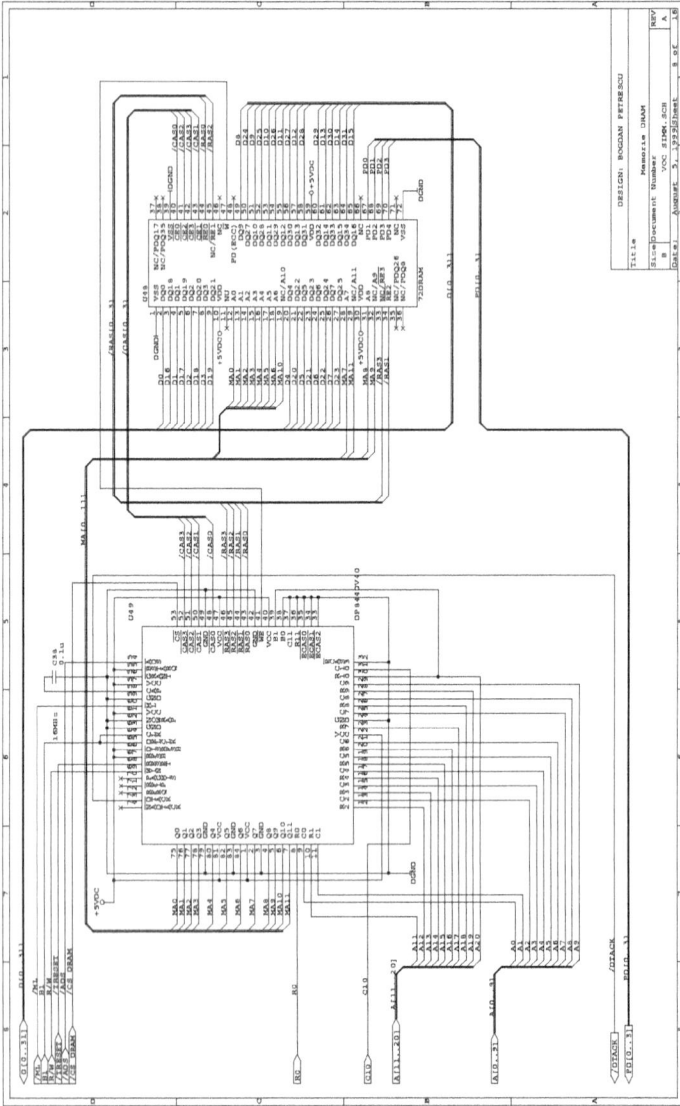

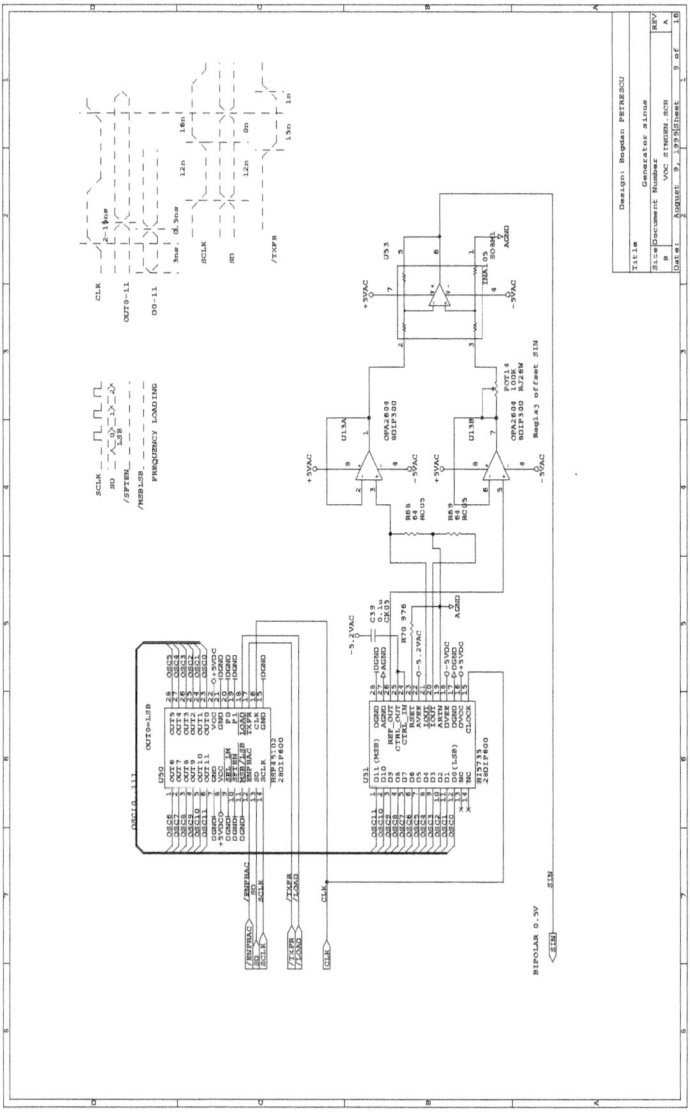
Design: Bogdan PETRESCU
Title
Generator sinus
Size B
Document Number
VOC SINGEN.SCH
REV A
Date: August 9, 1999
Sheet 9 of 18

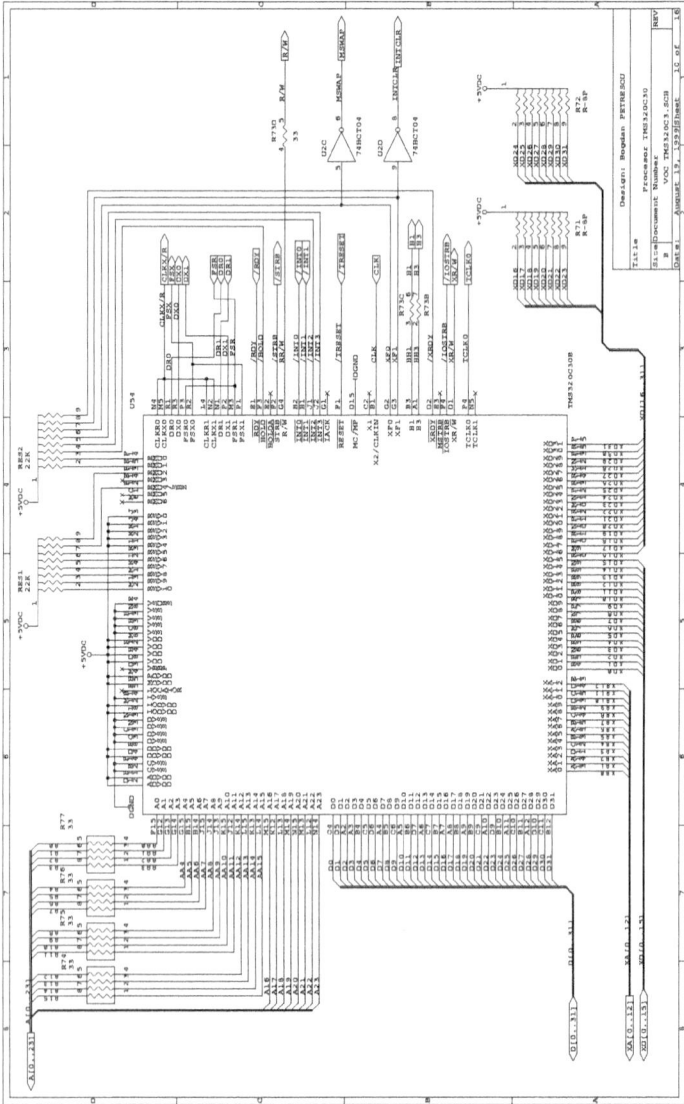

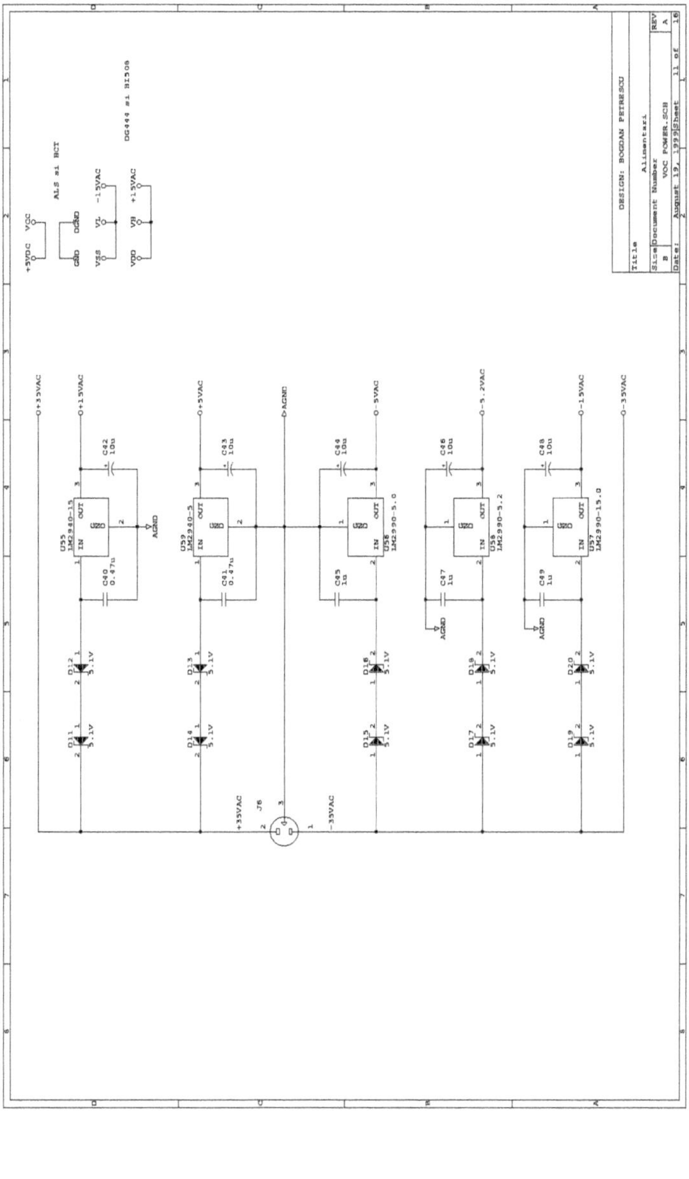
DESIGN: BOGDAN PETRESCU
Title
Alimentari
Size B
Document Number
VOC POWER.SCH
REV A
Date: August 19, 1999
Sheet 11 of 16

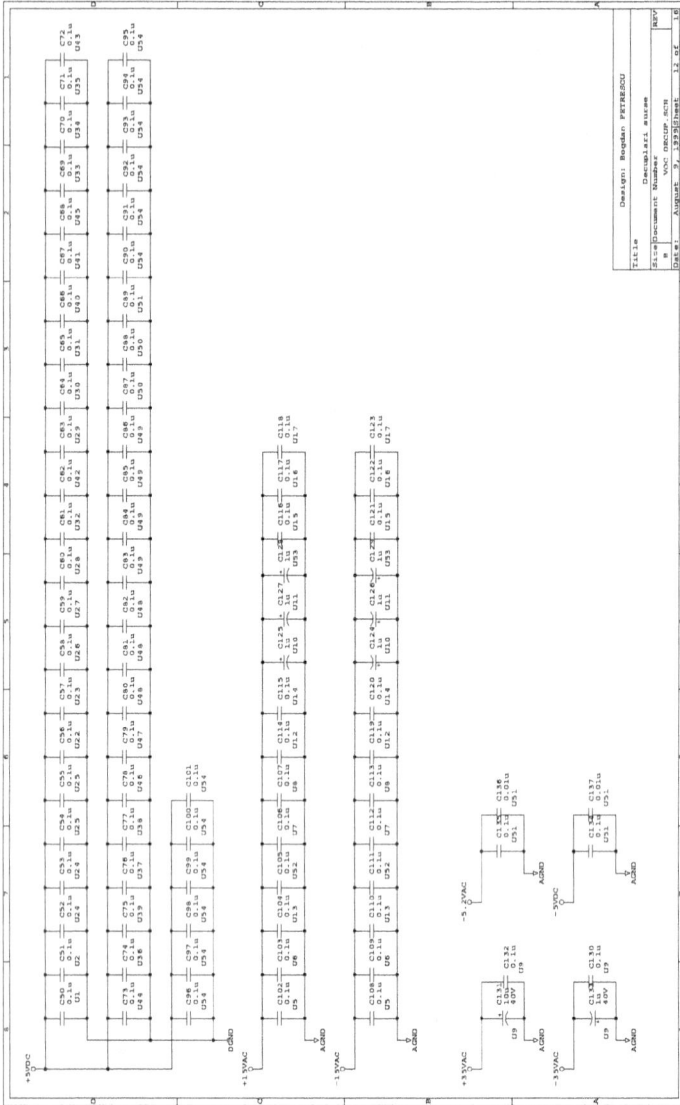

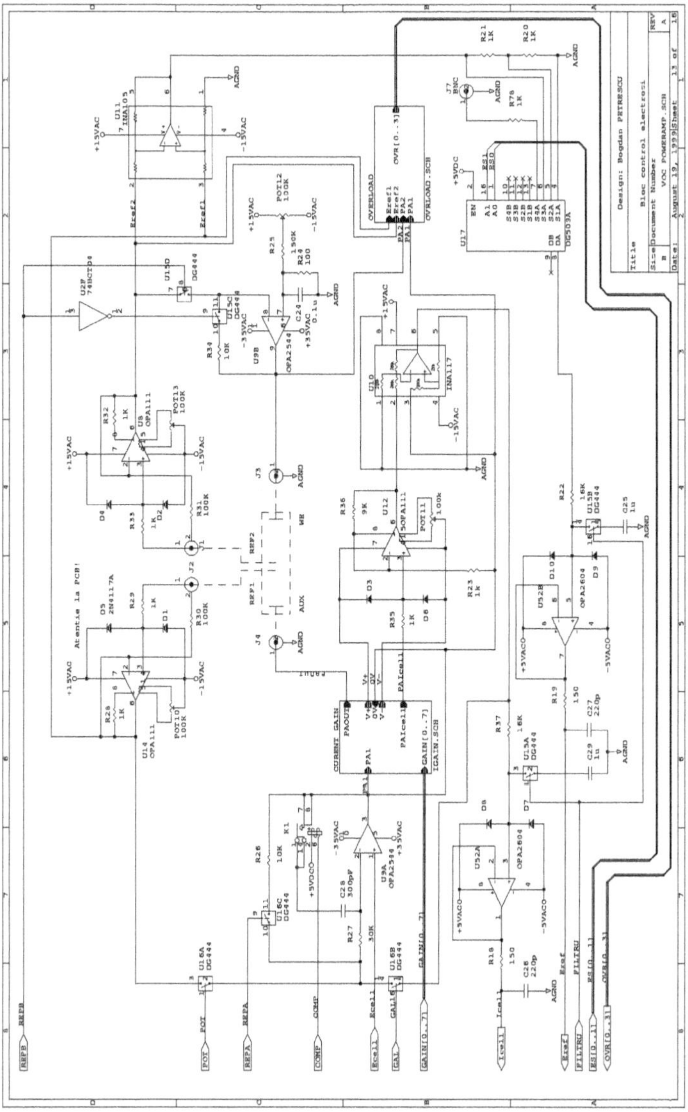
Design: Bogdan PETRESCU
Bloc control electrozi
VOC POWERAMP.SCH
August 19, 1999

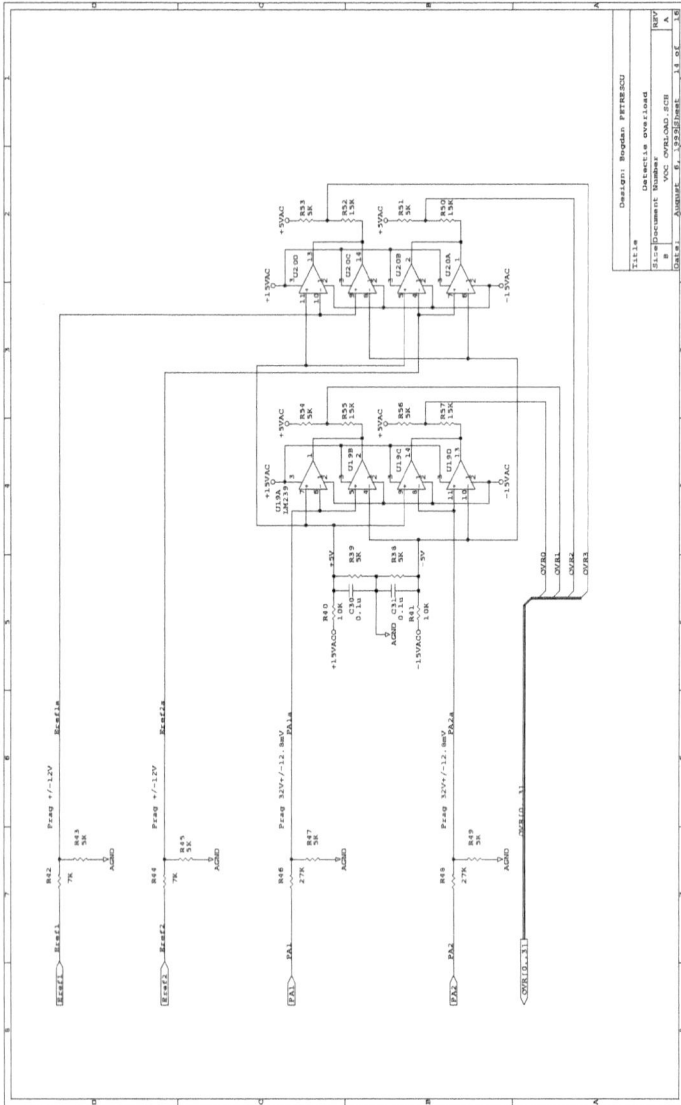

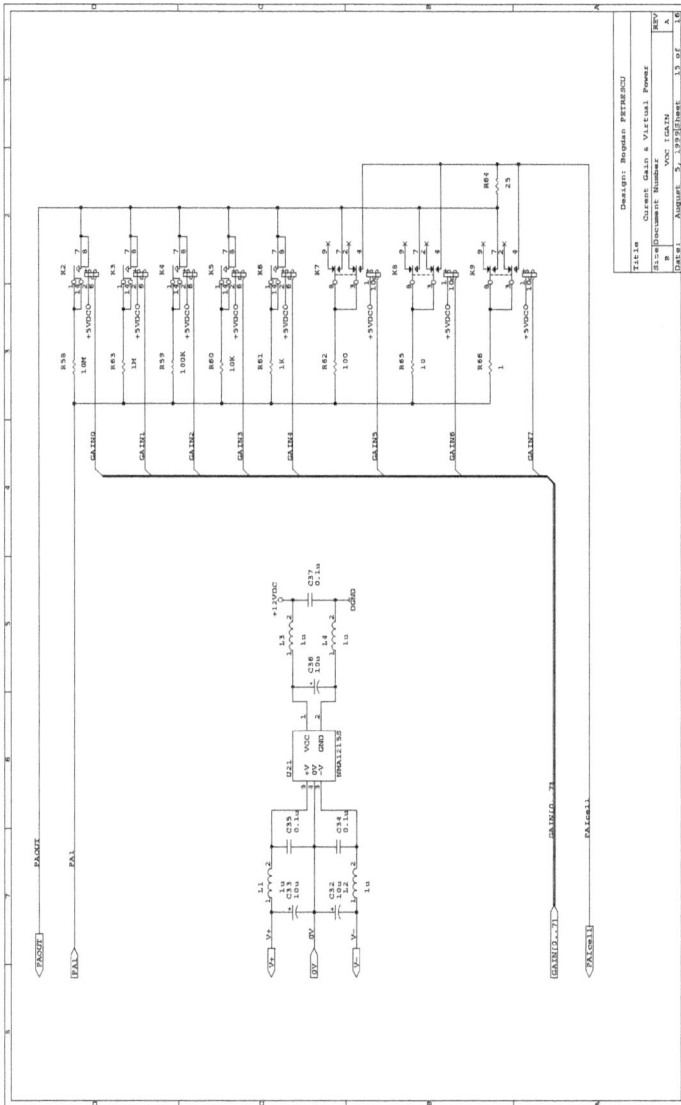

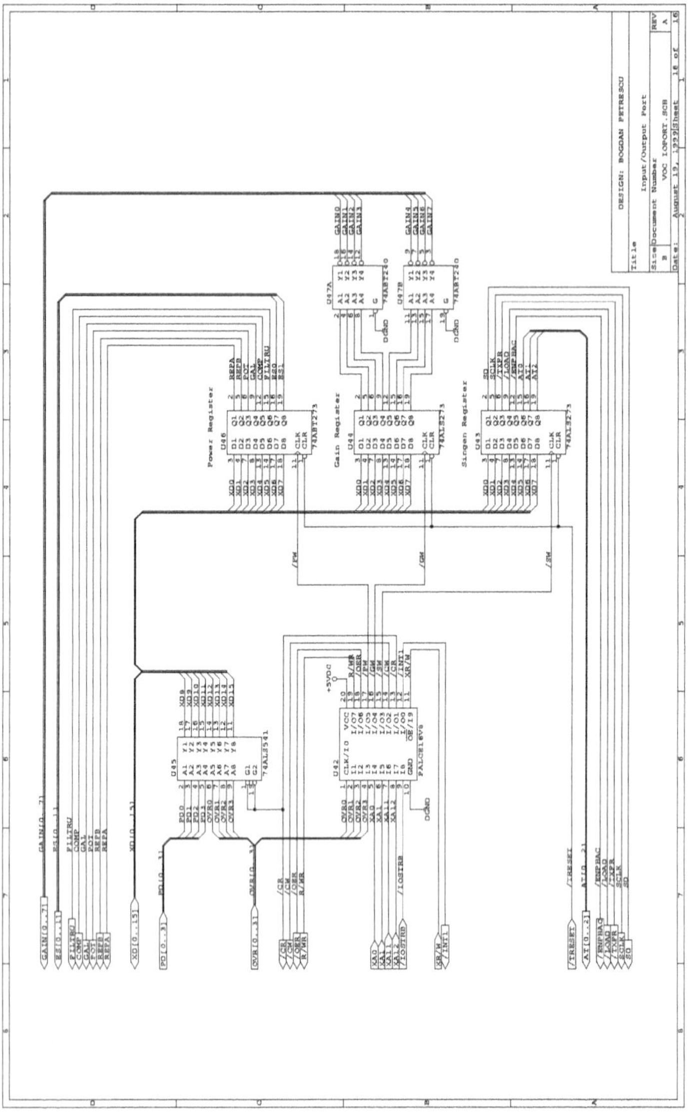
DESIGN: BOGDAN PETRESCU
Input/Output Port
August 19, 1999
Power Register
Gain Register
Singen Register

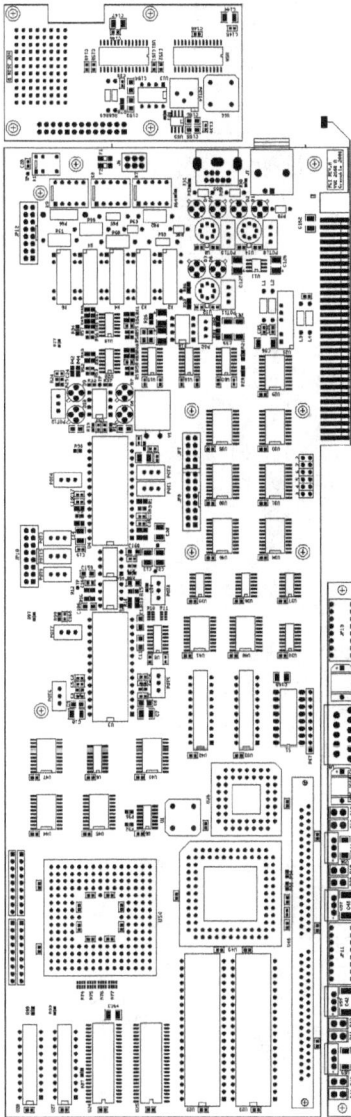

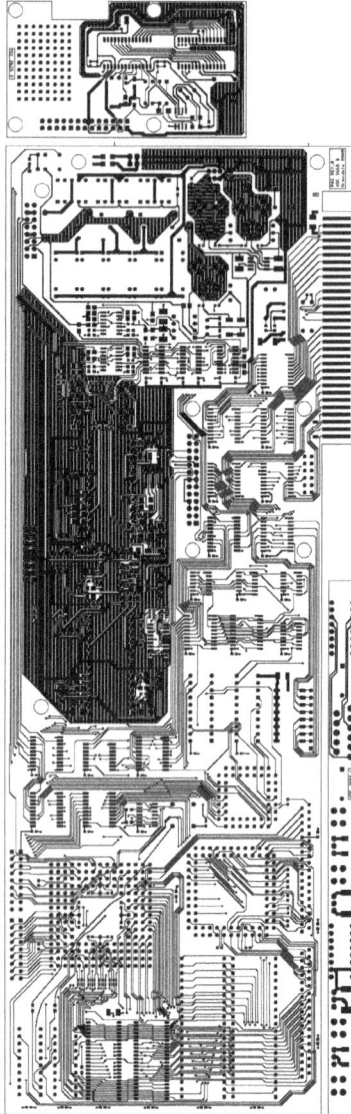

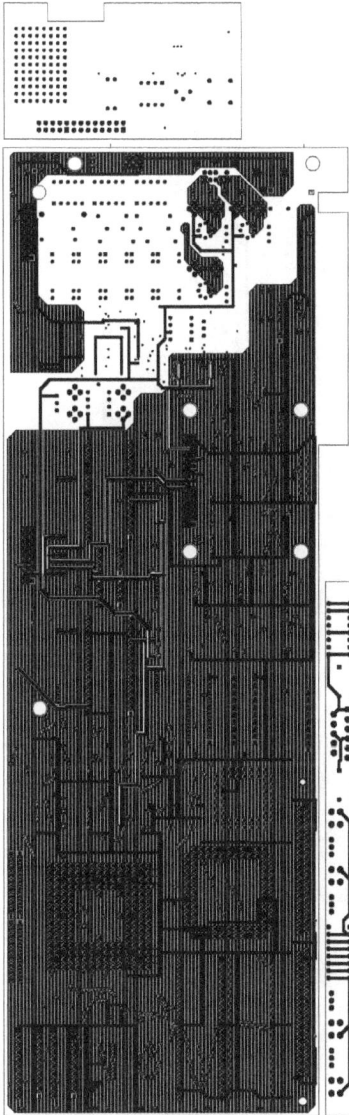

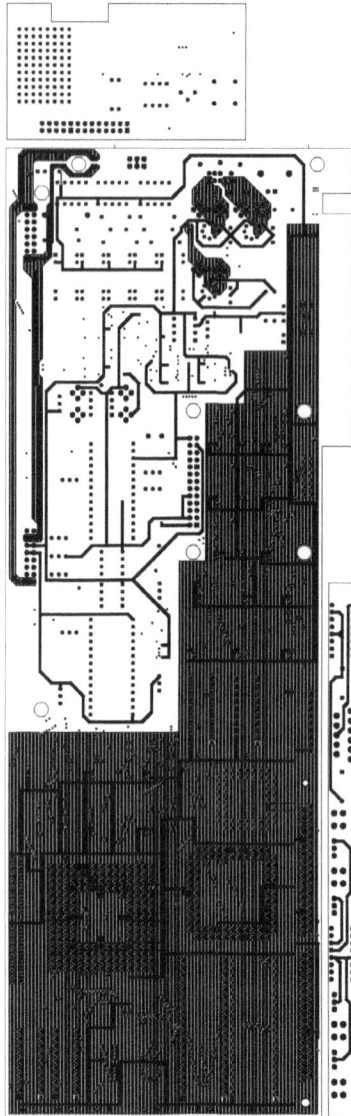

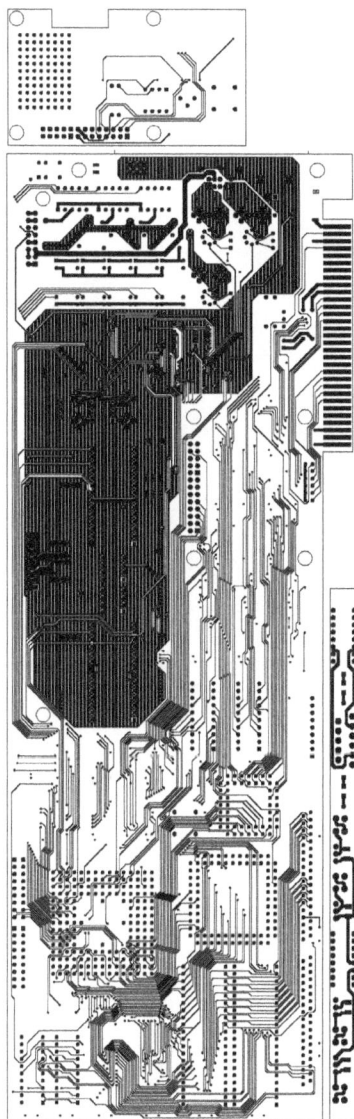

www.ingramcontent.com/pod-product-compliance
Lightning Source LLC
Chambersburg PA
CBHW021104210326
41598CB00016B/1325